О.В. Узорова
Е.А. Нефёдова

Таблицы по математике для начальной школы

«ПЛАНЕТА ДЕТСТВА»

ЧИСЛА И ЦИФРЫ

Числа служат для счёта предметов.
Цифры служат для записи чисел.

Число может быть записано
одной или несколькими цифрами.

0 — ноль

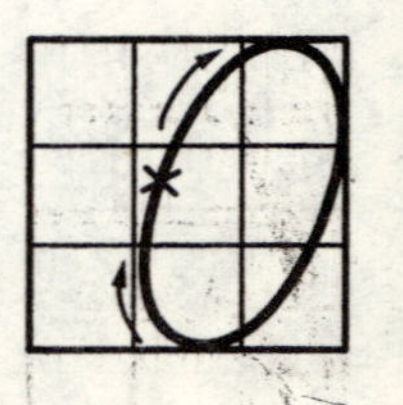

1  — **ОДИН** 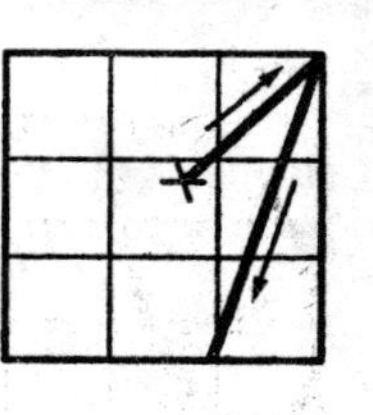

2 — **ДВА** 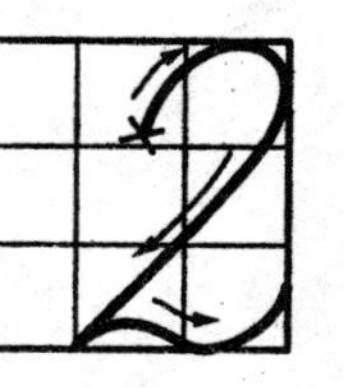

ЗАПОМНИ!

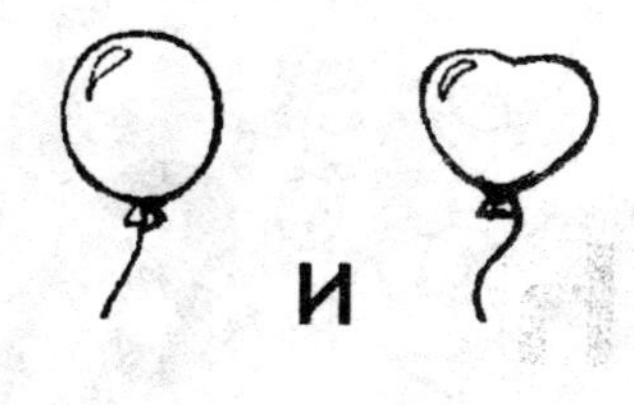

2 — это 1 и 1

   — **ТРИ** 

ЗАПОМНИ!

3 — это 1 и 2

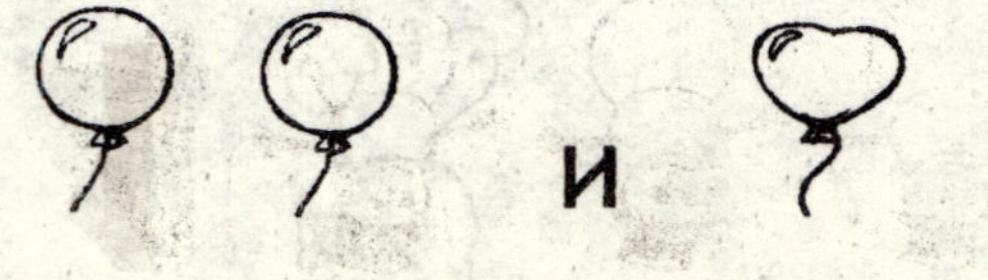

3 — это 2 и 1

4 ЧЕТЫРЕ

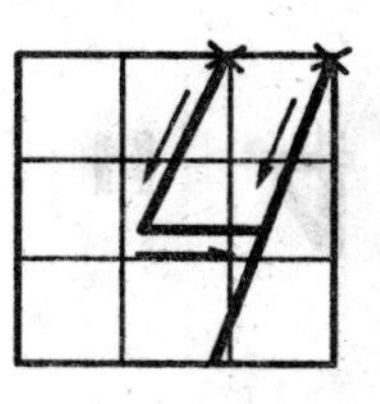

ЗАПОМНИ!

и

и

и

4 — это 1 и 3

4 — это 2 и 2

4 — это 3 и 1

ПЯТЬ

ЗАПОМНИ!

 и  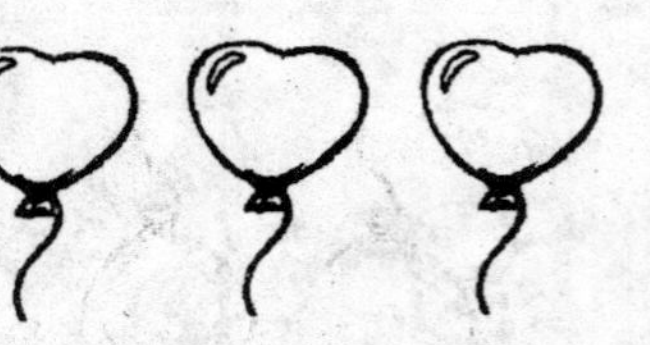

5 — это 1 и 4

и

5 — это 2 и 3

и

5 — это 3 и 2

и

5 — это 4 и 1

6

ШЕСТЬ

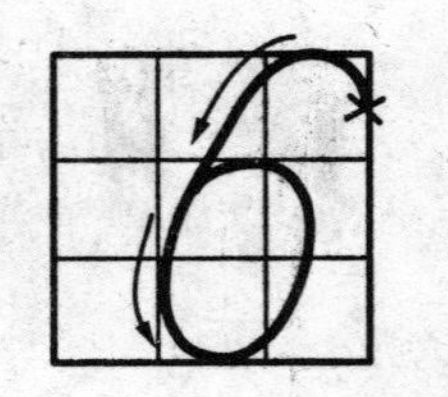

ЗАПОМНИ!

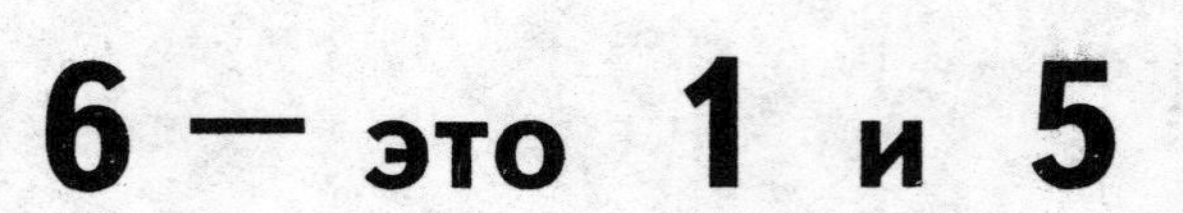

6 — это 1 и 5

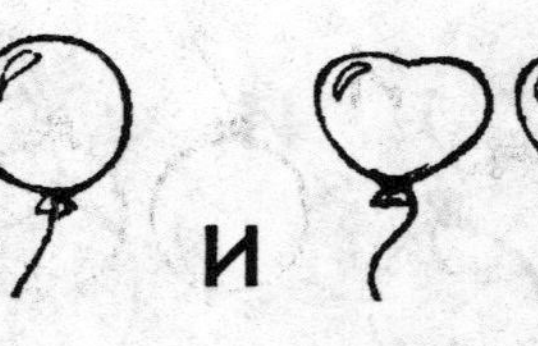

6 — это 2 и 4

и

6 — это 3 и 3

и

6 — это 4 и 2

и

6 — это 5 и 1

7 СЕМЬ

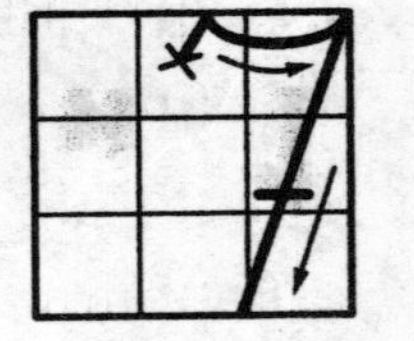

ЗАПОМНИ!

и

7 — это 1 и 6

и

7 — это 2 и 5

и **7 — это 3 и 4**

и **7 — это 5 и 2**

и **7 — это 6 и 1**

8 ВОСЕМЬ

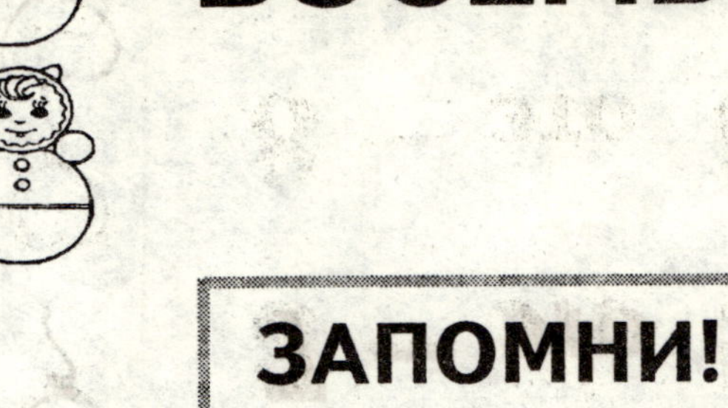

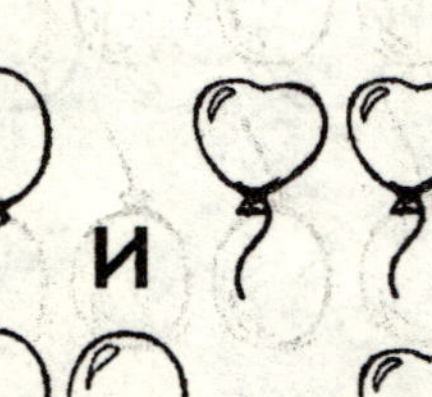

ЗАПОМНИ!

и

и

8 — это 1 и 7

8 — это 2 и 6

и

8 — это 3 и 5

и

8 — это 4 и 4

и

8 — это 5 и 3

и

8 — это 6 и 2

и

8 — это 7 и 1

9 ДЕВЯТЬ

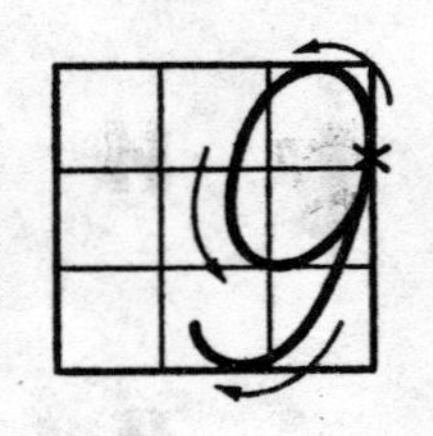

ЗАПОМНИ!

и

9 — это 1 и 8

и

9 — это 2 и 7

и **9 — это 3 и 6**

и **9 — это 4 и 5**

и **9 — это 5 и 4**

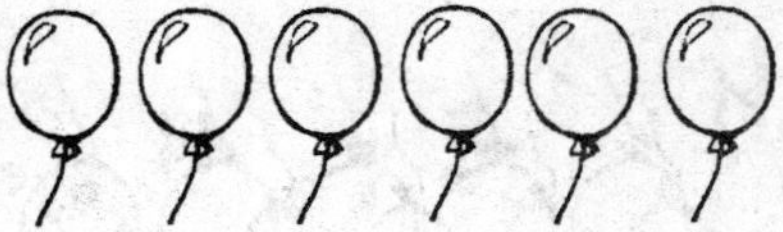

и  **9 — это 6 и 3**

и 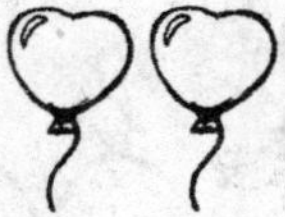 **9 — это 7 и 2**

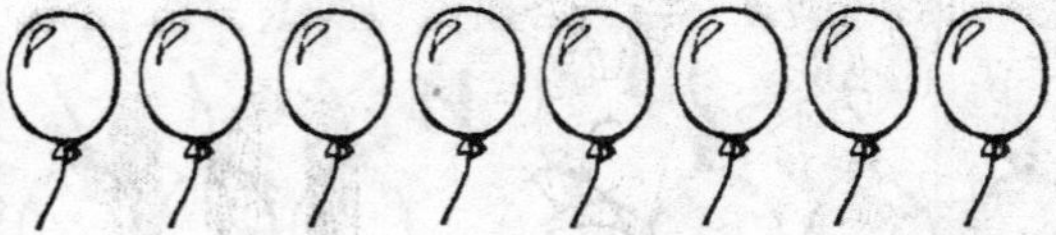

и  **9 — это 8 и 1**

10

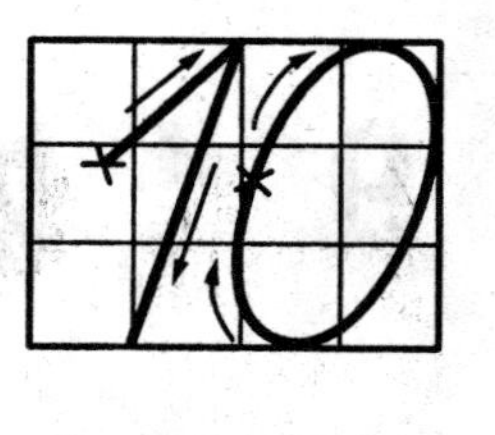

ДЕСЯТЬ

ЗАПОМНИ!

и

10 — это 1 и 9

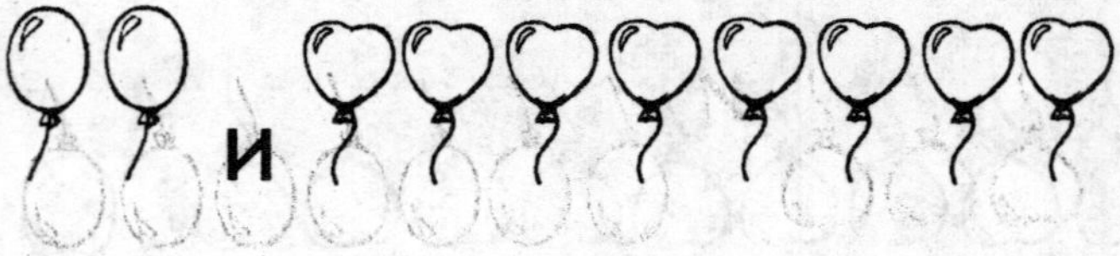

и **10 — это 2 и 8**

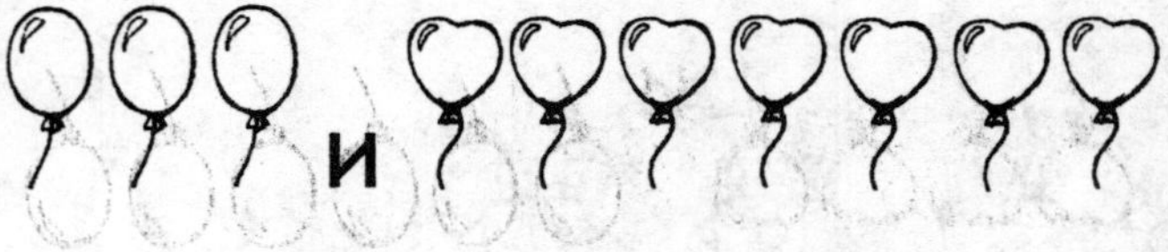

и **10 — это 3 и 7**

и **10 — это 4 и 6**

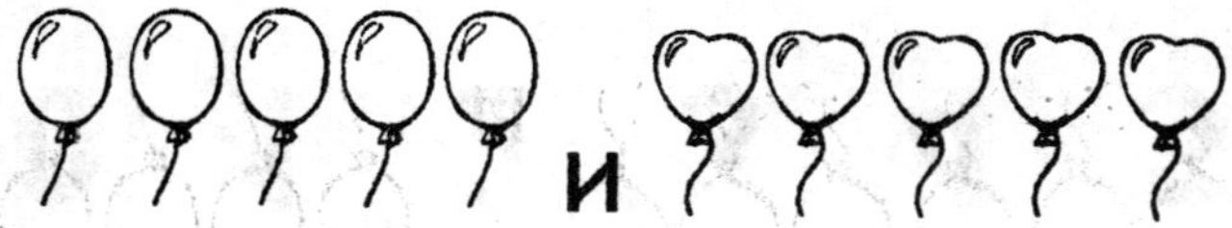

и

10 — это 5 и 5

и

10 — это 6 и 4

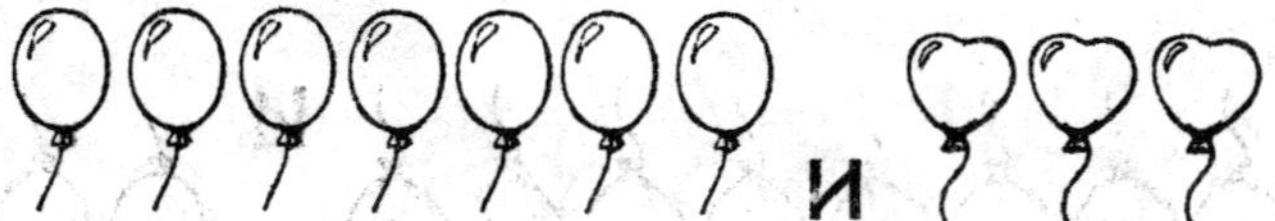

и

10 — это 7 и 3

и **10 — это 8 и 2**

и **10 — это 9 и 1**

0 1 2 3 4 5 6 7 8 9 10

ЧИСЛОВАЯ ЛЕСЕНКА
1
2
3
4
5
6
7
8
9
10

ЧИСЛА от 11 до 20

11 одиннадцать

11 = 10 + 1

Одиннадцать — это десять плюс один

12 двенадцать

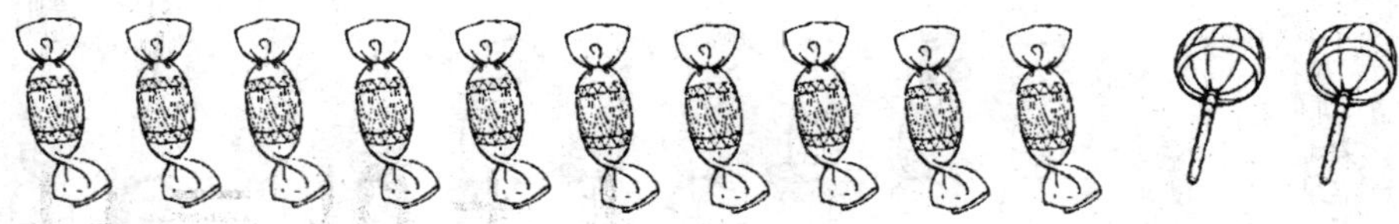

12 = 10 + 2

13 тринадцать

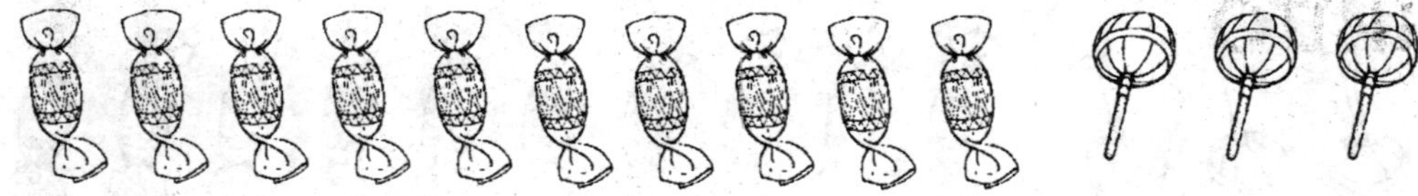

13 = 10 + 3

14 четырнадцать

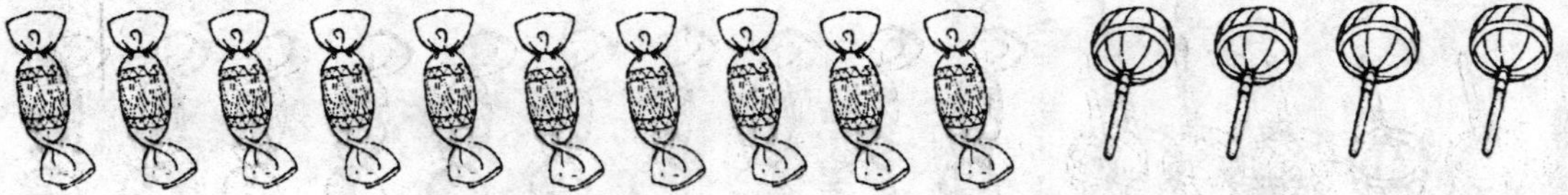

$14 = 10 + 4$

15 пятнадцать

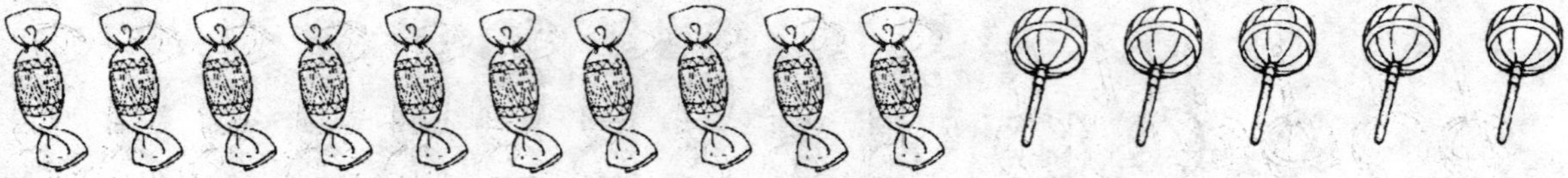

$15 = 10 + 5$

16

шестнадцать

16 = 10 + 6

17

семнадцать

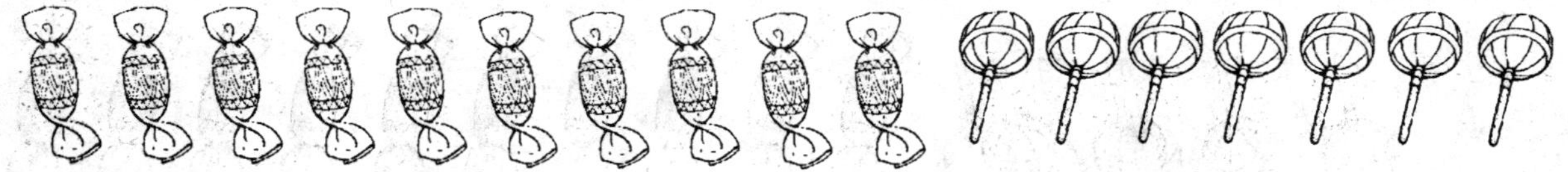

17 = 10 + 7

18

восемнадцать

$18 = 10 + 8$

19

девятнадцать

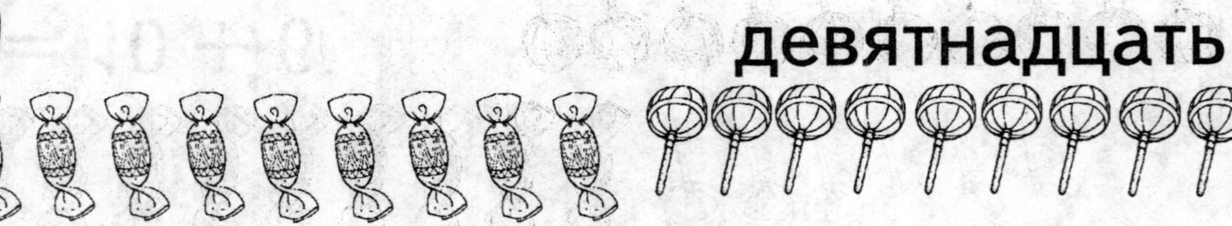

$19 = 10 + 9$

20

двадцать

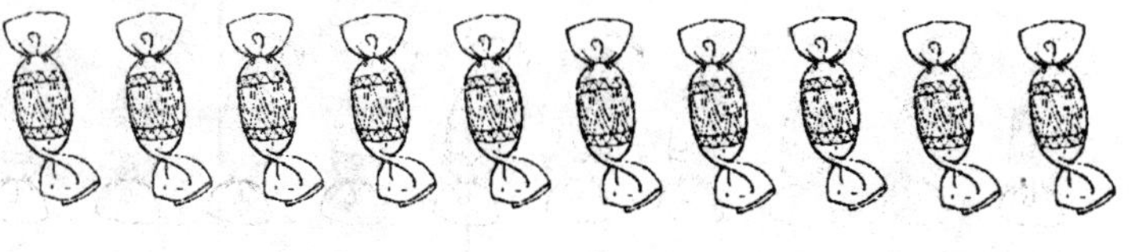

$20 = 10+10$

СОСТАВ ЧИСЕЛ В ПРЕДЕЛАХ 20

11	
9	2
8	3
7	4
6	5

12	
9	3
8	4
7	5
6	6

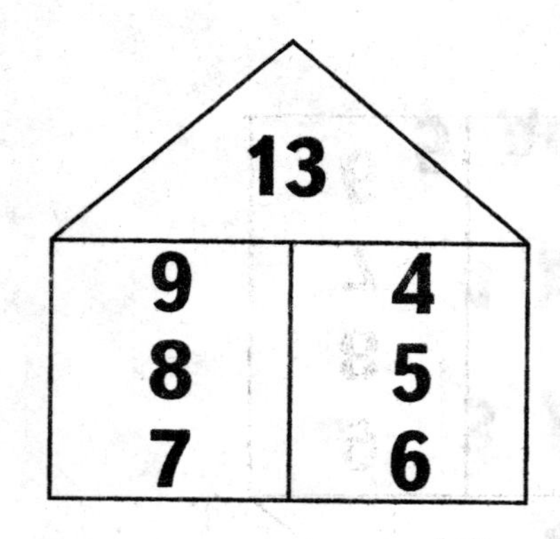

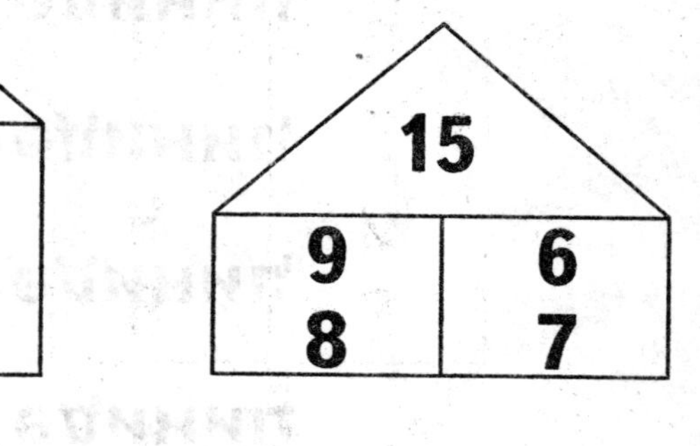

16

9 7

8 8

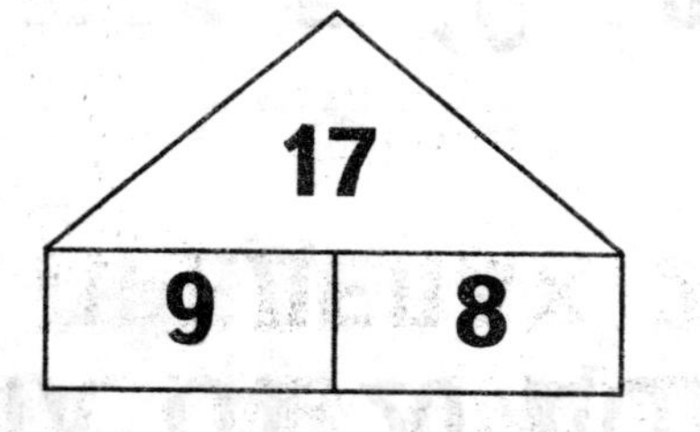

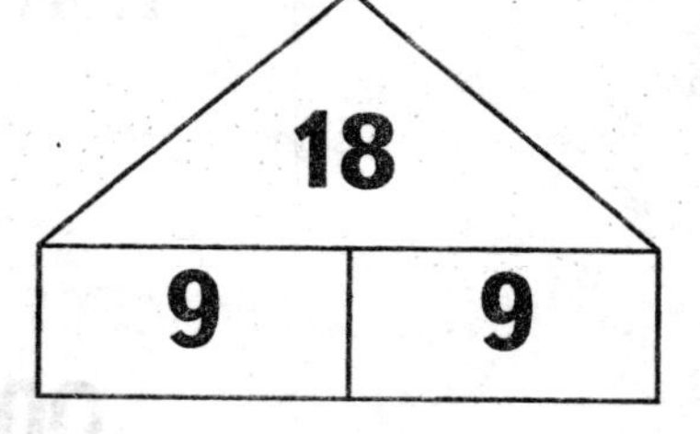

ЧИСЛА ОТ 20 ДО 100

1 десяток = 10 единиц

2 десятка = 20 единиц

3 десятка = 30 единиц

4 десятка = 40 единиц

5 десятков = 50 единиц

6 десятков = 60 единиц

7 десятков = 70 единиц

8 десятков = 80 единиц

9 десятков = 90 единиц

10 десятков = 100 единиц

1 сотня = 10 десятков = 100 единиц

ТАБЛИЦА РАЗРЯДОВ

III класс			**II класс**			**I класс**		
класс миллионов			*класс тысяч*			*класс единиц*		
9 разряд	**8 разряд**	**7 разряд**	**6 разряд**	**5 разряд**	**4 разряд**	**3 разряд**	**2 разряд**	**1 разряд**
сотни млн.	десятки млн.	единицы млн.	сотни тыс.	десятки тыс.	единицы тыс.	сотни	десятки	единицы

В каждом классе содержится по 3 разряда.

При отсутствии единиц какого-либо разряда пишется 0.

ХАРАКТЕРИСТИКА ЧИСЛА

1. Какое это число? (четырёхзначное, пятизначное, трёхзначное и т.д.)
2. Назовите наибольшее и наименьшее число с таким же количеством знаков.
3. Сколько классов в этом числе?
4. Укажите, каким разрядным единицам соответствует каждая цифра в этом числе.
5. Сколько различных цифр в этом числе? Назовите их.

6. Сколько в этом числе всего единиц, всего десятков, всего сотен, всего тысяч и т.д.?
7. Назовите предыдущее число.
8. Назовите последующее число
9. Назовите сумму разрядных слагаемых.
10. Напишите сумму цифр этого числа.

Образец устного рассуждения

Чтобы определить, сколько всего в числе единиц, прочитайте всё число.

Чтобы определить, сколько всего в числе десятков, надо закрыть одну цифру справа и прочитать получившееся число десятков.

Чтобы определить, сколько всего в числе сотен, надо закрыть две цифры справа и прочитать получившееся число сотен.

Чтобы определить, сколько всего в числе единиц тысяч надо закрыть три цифры справа и прочитать получившееся число единиц тысяч и т.д.

Характеристика числа 900 235

1. Это число шестизначное.
2. Наибольшее шестизначное число — 999 999. Наименьшее шестизначное число — 100 000.
3. В нём 2 класса. 900 ед. II класса, 235 ед. I класса
4. В нём 5 ед., 3 дес., 2 сотни, 9 сотен тысяч. Или 5 ед. 1 разряда, 3 ед. 2 разряда, 2 ед. 3 разряда, 9 ед. 6 разряда.
5. В этом числе 5 различных цифр. Это 9, 0, 2, 3, 5.

6. В нём всего единиц — 900 235;
   всего десятков — 90 023 дес.;
   всего сотен — 9002 сотни;
   всего тысяч — 900 тыс.
7. Предыдущее число — 900 234.
8. Последующее число — 900 236.
9. Сумма разрядных слагаемых:

   $$900\,235 = 900\,000 + 200 + 30 + 5.$$

10. Сумма цифр: $9 + 0 + 0 + 2 + 3 + 5 = 19$

СРАВНЕНИЕ ЧИСЕЛ

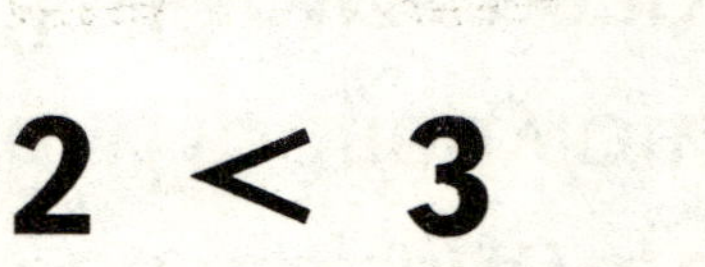

$2 < 3$ два МЕНЬШЕ, чем три

$3 > 2$ три БОЛЬШЕ, чем два

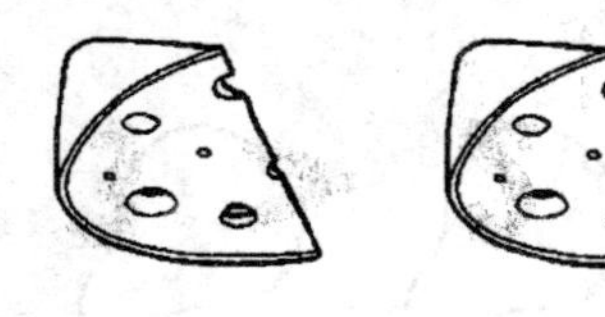  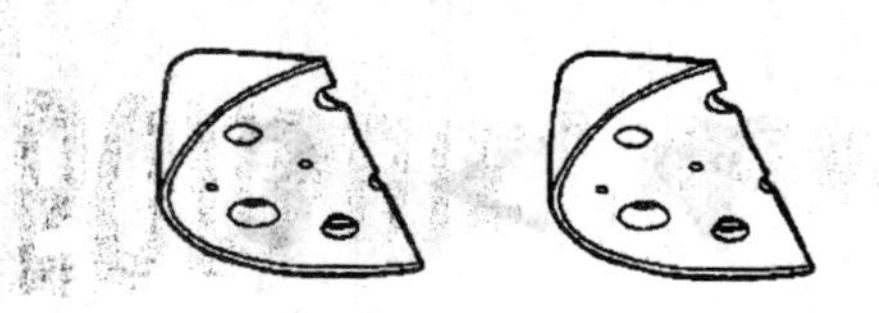 

$2 = 2$ два **РАВНО** двум

 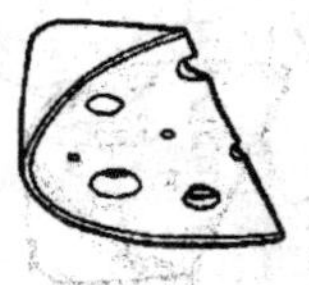    

$3 = 3$ три **РАВНО** трём

СПОСОБЫ СРАВНЕНИЯ ЧИСЕЛ

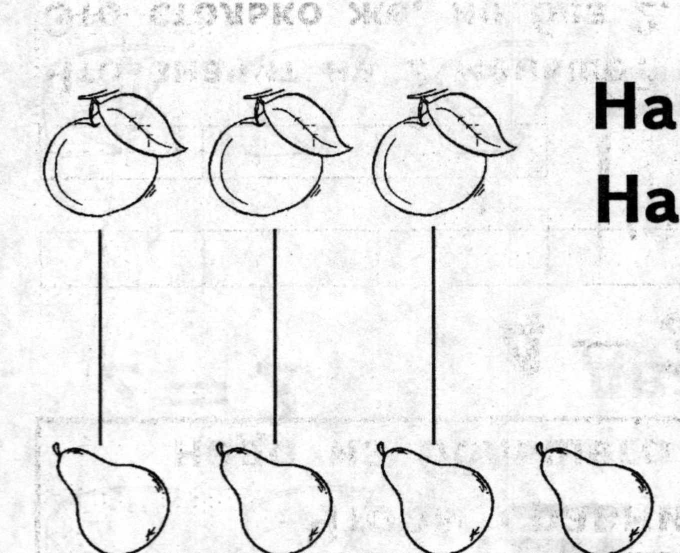

На сколько больше?

На сколько меньше?

$$3 < 4$$

**Чтобы сравнить два числа,
надо из большего вычесть меньшее.**

$$4 - 3 = 1$$

Что значит на 2 меньше?
Это столько же, но без 2.
Что значит на 2 больше?
Это столько же и еще 2.

СУММА

Действие <u>сложения</u> обозначают знаком ПЛЮС +

Записывается это так :

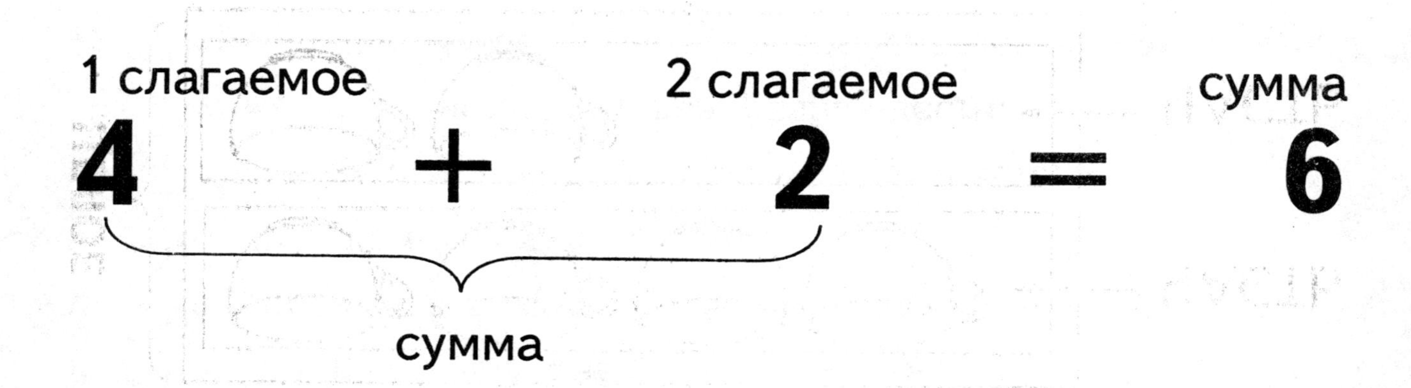

Читают это так:

- К четырём прибавить два, получится шесть.
- Четыре плюс два равно шесть.
- Четыре и два будет шесть.
- Четыре да два будет шесть.
- Четыре увеличить на два, получится шесть.
- Сумма чисел четыре и два равна шести.
- Первое слагаемое четыре, второе слагаемое два, сумма шесть.
- Если сложить четыре и два, будет шесть.

Ответь на вопросы:

Самое большое число при сложении?

(сумма)

Что произойдёт с суммой, если одно из слагаемых увеличить на 1?

(сумма увеличится на 1)

Что произойдёт с суммой, если каждое из слагаемых увеличить на 1?

(сумма увеличится на 2)

РАЗНОСТЬ

ЦЕЛОЕ

ЧАСТЬ

ЧАСТЬ

Чтобы найти неизвестную часть, нужно из целого вычесть известную часть.

Действие <u>вычитания</u> обозначают знаком МИНУС —

Записывается это так :

уменьшаемое		вычитаемое		разность
4	**—**	**1**	**=**	**3**

(4 − 1) — разность

Читают это так:

- Из четырёх вычесть один, получится три.
- От четырёх отнять один, получится три.
- Четыре без одного будет три.

- v Четыре минус один равно три.
- v Четыре уменьшить на один, получится три.
- v Разность чисел четыре и один равна трём.
- v Уменьшаемое четыре, вычитаемое один, разность три.

Ответь на вопросы:

Самое большое число при вычитании?

(уменьшаемое)

Что произойдёт с разностью, если уменьшаемое увеличить на 1?

(разность увеличится на 1)

Что произойдёт с разностью, если вычитаемое увеличить на 1?

(разность уменьшится на 1)

Что произойдёт с разностью, если уменьшаемое уменьшить на 1?

(разность уменьшится на 1)

Что произойдёт с разностью, если вычитаемое уменьшить на 1?

(разность увеличится на 1)

СЛОЖЕНИЕ И ВЫЧИТАНИЕ ОДНОЗНАЧНЫХ ЧИСЕЛ

$\square + 1$

$1 + 1 = 2$
$2 + 1 = 3$
$3 + 1 = 4$
$4 + 1 = 5$
$5 + 1 = 6$
$6 + 1 = 7$

$\square - 1$

$2 - 1 = 1$
$3 - 1 = 2$
$4 - 1 = 3$
$5 - 1 = 4$
$6 - 1 = 5$
$7 - 1 = 6$

7 + 1 = 8
8 + 1 = 9
9 + 1 = 10

8 — 1 = 7
9 — 1 = 8
10 — 1 = 9

Ответь на вопросы:

Что значит прибавить 1?

(назвать следующее число)

Что значит вычесть 1?

(назвать предыдущее число)

$\square + 2$

$1 + 2 = 3$
$2 + 2 = 4$
$3 + 2 = 5$
$4 + 2 = 6$
$5 + 2 = 7$
$6 + 2 = 8$
$7 + 2 = 9$
$8 + 2 = 10$

$\square - 2$

$3 - 2 = 1$
$4 - 2 = 2$
$5 - 2 = 3$
$6 - 2 = 4$
$7 - 2 = 5$
$8 - 2 = 6$
$9 - 2 = 7$
$10 - 2 = 8$

$\square + 3$

$\square - 3$

$1 + 3 = 4$
$2 + 3 = 5$
$3 + 3 = 6$
$4 + 3 = 7$
$5 + 3 = 8$
$6 + 3 = 9$
$7 + 3 = 10$

$4 - 3 = 1$
$5 - 3 = 2$
$6 - 3 = 3$
$7 - 3 = 4$
$8 - 3 = 5$
$9 - 3 = 6$
$10 - 3 = 8$

$\square + 4$

$1 + 4 = 5$

$2 + 4 = 6$

$3 + 4 = 7$

$4 + 4 = 8$

$5 + 4 = 9$

$6 + 4 = 10$

$\square - 4$

$5 - 4 = 1$

$6 - 4 = 2$

$7 - 4 = 3$

$8 - 4 = 4$

$9 - 4 = 5$

$10 - 4 = 6$

$\square + 5$

$1 + 5 = 6$

$2 + 5 = 7$

$3 + 5 = 8$

$4 + 5 = 9$

$5 + 5 = 10$

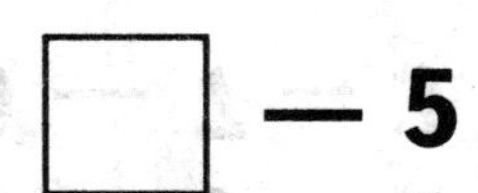

$\square - 5$

$6 - 5 = 1$

$7 - 5 = 2$

$8 - 5 = 3$

$9 - 5 = 4$

$10 - 5 = 5$

$\square + 6$

$1 + 6 = 7$
$2 + 6 = 8$
$3 + 6 = 9$
$4 + 6 = 10$

$\square - 6$

$7 - 6 = 1$
$8 - 6 = 2$
$9 - 6 = 3$
$10 - 6 = 4$

$\square + 7$

$1 + 7 = 8$
$2 + 7 = 9$
$3 + 7 = 10$

$\square - 7$

$8 - 7 = 1$
$9 - 7 = 2$
$10 - 7 = 3$

$\square + 8$

$1 + 8 = 9$

$2 + 8 = 10$

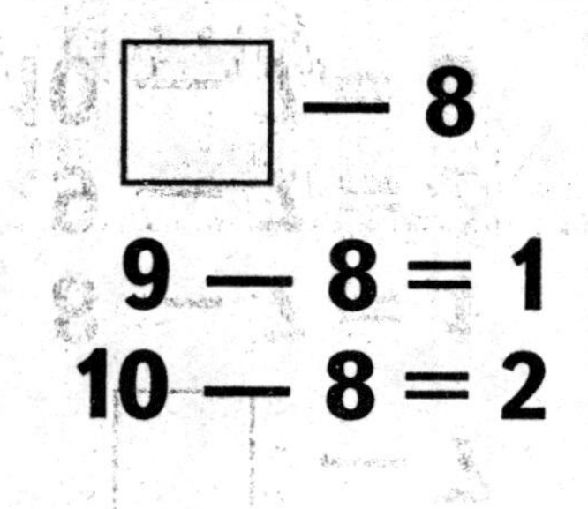

$\square - 8$

$9 - 8 = 1$

$10 - 8 = 2$

$\square + 9$

$1 + 9 = 10$

$\square - 9$

$10 - 9 = 1$

ТАБЛИЦА СЛОЖЕНИЯ И ВЫЧИТАНИЯ ОДНОЗНАЧНЫХ ЧИСЕЛ

1	1	2	3	4	5	6	7	8	9
2	1								
3	2	1							
4	3	2	1						
5	4	3	2	1					
6	5	4	3	2	1				
7	6	5	4	3	2	1			
8	7	6	5	4	3	2	1		
9	8	7	6	5	4	3	2	1	
10	9	8	7	6	5	4	3	2	1

4 + 2 = 6

8 — 6 = 2

ТАБЛИЦА СЛОЖЕНИЯ ОДНОЗНАЧНЫХ ЧИСЕЛ С ПЕРЕХОДОМ ЧЕРЕЗ ДЕСЯТОК до 20

$9 + \square$

$9 + 2 = 11$
$9 + 3 = 12$
$9 + 4 = 13$
$9 + 5 = 14$
$9 + 6 = 15$
$9 + 7 = 16$
$9 + 8 = 17$
$9 + 9 = 18$

$8 + \square$

$8 + 3 = 11$
$8 + 4 = 12$
$8 + 5 = 13$
$8 + 6 = 14$
$8 + 7 = 15$
$8 + 8 = 16$
$8 + 9 = 17$

$7 + \square$

$7 + 4 = 11$
$7 + 5 = 12$
$7 + 6 = 13$
$7 + 7 = 14$
$7 + 8 = 15$
$7 + 9 = 16$

$6 + \square$

$6 + 5 = 11$
$6 + 6 = 12$
$6 + 7 = 13$
$6 + 8 = 14$
$6 + 9 = 15$

УМНОЖЕНИЕ

$$2+2+2+2+2 = 10$$

То же самое можно записать так:

$$2 \cdot 5 = 10$$

Сложение одинаковых слагаемых называется умножением.

2 — показывает, какое число берём слагаемым.

5 — показывает, сколько раз число 2 берём слагаемым.

ПРОИЗВЕДЕНИЕ

Действие <u>умножения</u> обозначают знаком

УМНОЖИТЬ • или Х.

Записывается это так :

1 множитель   2 множитель   произведение

$$\underbrace{2 \cdot 5}_{\text{произведение}} = 10$$

Читают это так:

v Два умножить на пять, равно десять.

v Два взять пять раз, получится десять.

v Два увеличить в пять раз, получится десять.

v По два взять пять раз, будет десять.

v Дважды пять будет десять.

v Произведение чисел два и пять равно десяти.

v Первый множитель два , второй множитель пять, произведение десять.

Ответь на вопрос:

Самое большое число при умножении? **(произведение)**

ЧАСТНОЕ

Действие <u>деление</u> обозначают знаком РАЗДЕЛИТЬ :

Записывается это так :

делимое		делитель		частное
9	**:**	**3**	**=**	**3**

$\underbrace{9 : 3}_{\text{частное}}$

Читают это так:

- v Девять разделить на три равно трём.
- v Девять уменьшить в три раза, получится три.
- v Частное чисел девять и три равно трём.
- v Делимое девять, делитель три, частное три.

Ответь на вопросы:

Самое большое число при делении?

(делимое)

Во сколько раз больше?
Во сколько раз меньше?

$$6 : 2 = 3$$

Чтобы узнать, во сколько раз одно число больше или меньше другого, надо большее число разделить на меньшее.

Таблица умножения Пифагора

	2	3	4	5	6	7	8	9
2	4	6	8	10	12	14	16	18
3	6	9	12	15	18	21	24	27
4	8	12	16	20	24	28	32	36
5	10	15	20	25	30	35	40	45
6	12	18	24	30	36	42	48	54
7	14	21	28	35	42	49	56	63
8	16	24	32	40	48	56	64	72
9	18	27	36	45	54	63	72	81

ТАБЛИЦА УМНОЖЕНИЯ И ДЕЛЕНИЯ ОДНОЗНАЧНЫХ ЧИСЕЛ

$\square \cdot 2$	$\square : 2$	$\square \cdot 3$	$\square : 3$
$2 \cdot 2 = 4$	$4 : 2 = 2$	$2 \cdot 3 = 6$	$6 : 3 = 2$
$3 \cdot 2 = 6$	$6 : 2 = 3$	$3 \cdot 3 = 9$	$9 : 3 = 3$
$4 \cdot 2 = 8$	$8 : 2 = 4$	$4 \cdot 3 = 12$	$12 : 3 = 4$
$5 \cdot 2 = 10$	$10 : 2 = 5$	$5 \cdot 3 = 15$	$15 : 3 = 5$
$6 \cdot 2 = 12$	$12 : 2 = 6$	$6 \cdot 3 = 18$	$18 : 3 = 6$
$7 \cdot 2 = 14$	$14 : 2 = 7$	$7 \cdot 3 = 21$	$21 : 3 = 7$
$8 \cdot 2 = 16$	$16 : 2 = 8$	$8 \cdot 3 = 24$	$24 : 3 = 8$
$9 \cdot 2 = 18$	$18 : 2 = 9$	$9 \cdot 3 = 27$	$27 : 3 = 9$

$\square \cdot 4$	$\square : 4$	$\square \cdot 5$	$\square : 5$
$2 \cdot 4 = 8$	$8 : 4 = 2$	$2 \cdot 5 = 10$	$10 : 5 = 2$
$3 \cdot 4 = 12$	$12 : 4 = 3$	$3 \cdot 5 = 15$	$15 : 5 = 3$
$4 \cdot 4 = 16$	$16 : 4 = 4$	$4 \cdot 5 = 20$	$20 : 5 = 4$
$5 \cdot 4 = 20$	$20 : 4 = 5$	$5 \cdot 5 = 25$	$25 : 5 = 5$
$6 \cdot 4 = 24$	$24 : 4 = 6$	$6 \cdot 5 = 30$	$30 : 5 = 6$
$7 \cdot 4 = 28$	$28 : 4 = 7$	$7 \cdot 5 = 35$	$35 : 5 = 7$
$8 \cdot 4 = 32$	$32 : 4 = 8$	$8 \cdot 5 = 40$	$40 : 5 = 8$
$9 \cdot 4 = 36$	$36 : 4 = 9$	$9 \cdot 5 = 45$	$45 : 5 = 9$

$\square \cdot 6$

$2 \cdot 6 = 12$
$3 \cdot 6 = 18$
$4 \cdot 6 = 24$
$5 \cdot 6 = 30$
$6 \cdot 6 = 36$
$7 \cdot 6 = 42$
$8 \cdot 6 = 48$
$9 \cdot 6 = 54$

$\square : 6$

$12 : 6 = 2$
$18 : 6 = 3$
$24 : 6 = 4$
$30 : 6 = 5$
$36 : 6 = 6$
$42 : 6 = 7$
$48 : 6 = 8$
$54 : 6 = 9$

$\square \cdot 7$

$2 \cdot 7 = 14$
$3 \cdot 7 = 21$
$4 \cdot 7 = 28$
$5 \cdot 7 = 35$
$6 \cdot 7 = 42$
$7 \cdot 7 = 49$
$8 \cdot 7 = 56$
$9 \cdot 7 = 63$

$\square : 7$

$14 : 7 = 2$
$21 : 7 = 3$
$28 : 7 = 4$
$35 : 7 = 5$
$42 : 7 = 6$
$49 : 7 = 7$
$56 : 7 = 8$
$63 : 7 = 9$

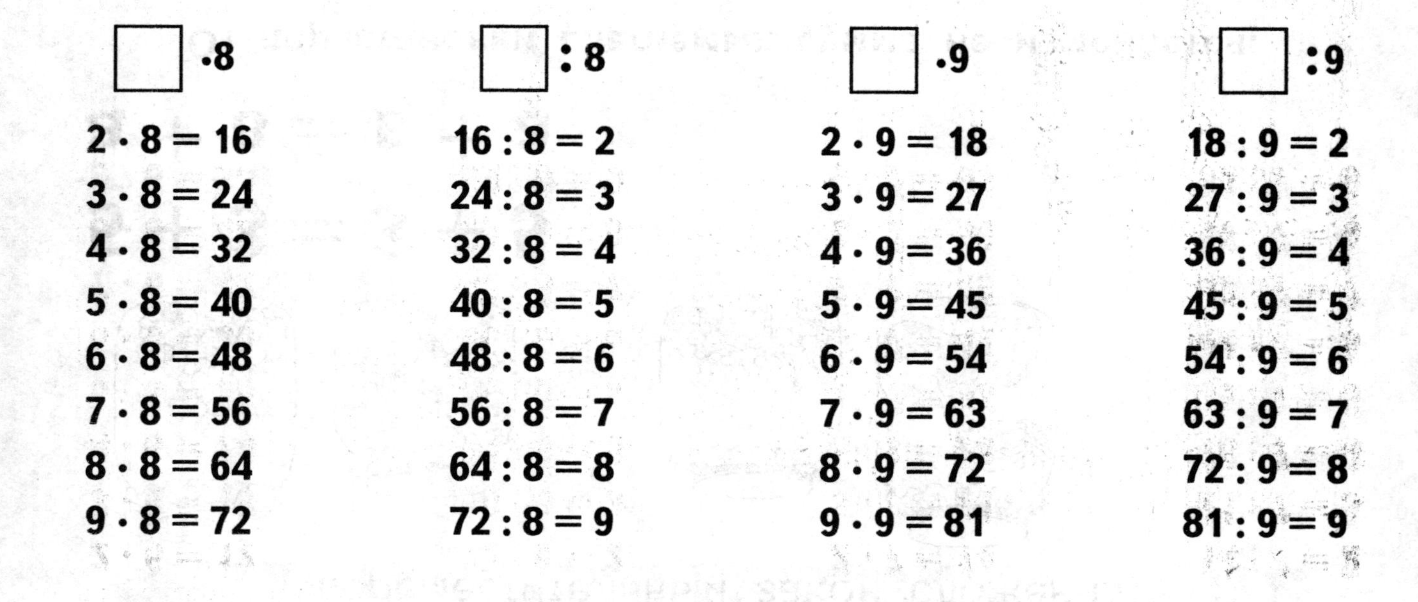

□ · 8	□ : 8	□ · 9	□ : 9
2 · 8 = 16	16 : 8 = 2	2 · 9 = 18	18 : 9 = 2
3 · 8 = 24	24 : 8 = 3	3 · 9 = 27	27 : 9 = 3
4 · 8 = 32	32 : 8 = 4	4 · 9 = 36	36 : 9 = 4
5 · 8 = 40	40 : 8 = 5	5 · 9 = 45	45 : 9 = 5
6 · 8 = 48	48 : 8 = 6	6 · 9 = 54	54 : 9 = 6
7 · 8 = 56	56 : 8 = 7	7 · 9 = 63	63 : 9 = 7
8 · 8 = 64	64 : 8 = 8	8 · 9 = 72	72 : 9 = 8
9 · 8 = 72	72 : 8 = 9	9 · 9 = 81	81 : 9 = 9

ПЕРЕСТАНОВКА СЛАГАЕМЫХ

(переместительный закон сложения)

$$5 + 3 = 3 + 5$$

$$а + в = в + а$$

От перестановки слагаемых сумма не изменяется.

ПЕРЕСТАНОВКА МНОЖИТЕЛЕЙ

(переместительный закон умножения)

$$5 \cdot 2 = 2 \cdot 5 \qquad а \cdot в = в \cdot а$$

От перестановки множителей произведение не изменяется.

РЕШЕНИЕ УРАВНЕНИЙ

слагаемое		слагаемое		сумма
7	+	2	=	9

сумма		слагаемое		слагаемое
9	−	7	=	2

Чтобы найти неизвестное слагаемое, надо из суммы вычесть известное слагаемое.

$$7 + X = 9$$
$$X = 9 - 7$$
$$X = 2$$
$$7 + 2 = 9$$
$$9 = 9$$

уменьшаемое		вычитаемое		разность
7	−	2	=	5
разность		**вычитаемое**		**уменьшаемое**
5	+	2	=	7

$$X - 2 = 5$$
$$X = 5 + 2$$
$$\underline{X = 7}$$
$$7 - 2 = 5$$
$$5 = 5$$

Чтобы найти неизвестное уменьшаемое, надо к разности прибавить вычитаемое.

уменьшаемое		вычитаемое		разность
7	–	2	=	5

уменьшаемое		разность		вычитаемое
7	–	5	=	2

Чтобы найти неизвестное вычитаемое, надо из уменьшаемого вычесть разность.

$$7 - X = 5$$
$$X = 7 - 5$$
$$X = 2$$

$$7 - 2 = 5$$
$$5 = 5$$

множитель		множитель		произведение
7	•	2	=	14
X	•	2	=	14

$X \cdot 2 = 14$
$X = 14 : 2$
$X = 7$

$7 \cdot 2 = 14$
$14 = 14$

Чтобы найти неизвестный множитель, надо произведение разделить на известный множитель.

делимое		делитель		частное
8	**:**	**2**	**=**	**4**
X	**:**	**2**	**=**	**4**

$$X : 2 = 4$$
$$X = 4 \cdot 2$$
$$X = 8$$
$$8 : 2 = 4$$
$$4 = 4$$

Чтобы найти неизвестное делимое, надо частное умножить на делитель.

делимое		делитель		частное
8	:	2	=	4
8	:	X	=	4

$$8 : X = 4$$
$$X = 8 : 4$$
$$X = 2$$
$$8 : 2 = 4$$
$$4 = 4$$

Чтобы найти неизвестный делитель, надо делимое разделить на частное.

ЧИСЛО 0 (нуль)

$$3 - 3 = 0$$

$$a - a = 0$$

Если от числа отнять это же число, то получится нуль.

$$3 + 0 = 3$$

$$a + 0 = a$$

Если к числу прибавить нуль, то число не изменится.

$$0 + 3 = 3$$

$$0 + a = a$$

Если к нулю прибавить число, то получится это же число.

$$3 - 0 = 3$$

$$a - 0 = a$$

Если от числа отнять нуль, то число не **изменится.**

Ответь на вопросы:

Когда сумма равна одному из слагаемых?

(если другое слагаемое равно 0)

Когда разность равна 0?

(уменьшаемое равно вычитаемому)

Когда уменьшаемое равно разности?

(вычитаемое 0)

$$3 \cdot 0 = 0$$
$$a \cdot 0 = 0$$

При умножении числа на 0 произведение равно нулю.

$$0 \cdot 3 = 0$$
$$0 \cdot a = 0$$

При умножении 0 на число произведение равно нулю.

$$0 : 3 = 0$$

$$0 : a = 0$$

При делении нуля на число частное равно нулю.

$$3 : 0 \neq$$

Делить на 0 нельзя.

Ответь на вопросы:

Когда произведение равно нулю?

(если один из множителей равен 0)

Когда частное равно 0?

(если делимое равно 0)

ЧИСЛО 1 (один)

$$3 \cdot 1 = 3$$

$$a \cdot 1 = a$$

При умножении числа на 1 произведение равно самому числу.

$$1 \cdot 3 = 3$$

$$1 \cdot a = a$$

При умножении единицы на число произведение равно самому числу.

$$3 : 3 = 1$$

$$a : a = 1$$

При делении любого числа на такое же число частное равно единице.

$$3 : 1 = 3$$

$$a : 1 = a$$

При делении числа на 1 частное равно самому числу.

Ответь на вопросы:

Когда произведение равно одному из множителей?

(если один из множителей равен 1)

Когда частное равно 1?

(если делимое равно делителю)

Когда делимое равно частному?

(если делитель равен 1)

ПРИБАВЛЕНИЕ ЧИСЛА К СУММЕ

Первый способ

$$(2 + 3) + 1$$

Второй способ

$$(2 + 3) + 1 = (2 + 1) + 3 = 3 + 3 = 6$$

Третий способ

$$(2 + 3) + 1 = 2 + (3 + 1) = 2 + 4 = 6$$

ПРИБАВЛЕНИЕ СУММЫ К ЧИСЛУ

Первый способ

$$2 + (3 + 1)$$

Второй способ

$$2 + (3 + 1) = (2 + 1) + 3 = 3 + 3 = 6$$

Третий способ

$$2 + (3 + 1) = (2 + 3) + 1 = 5 + 1 = 6$$

ВЫЧИТАНИЕ ЧИСЛА ИЗ СУММЫ

Первый способ

$$(2 + 3) - 1 = 5 - 1 = 4$$

Второй способ

$$(2 + 3) - 1 = (2 - 1) + 3 = 1 + 3 = 4$$

Третий способ

$$(2 + 3) - 1 = 2 + (3 - 1) = 2 + 2 = 4$$

ВЫЧИТАНИЕ СУММЫ ИЗ СУММЫ

Первый способ

$$5 - (3 + 1) = 5 - 4 = 1$$

Второй способ

$$5 - (3 + 1) = (5 - 1) - 3 = 4 - 3 = 1$$

Третий способ

$$5 - (3 + 1) = (5 - 3) - 1 = 2 - 1 = 1$$

УМНОЖЕНИЕ СУММЫ НА ЧИСЛО

$$(5 + 2) \cdot 3 = 5 \cdot 3 + 2 \cdot 3 = 15 + 6 = 21$$

$$(a + b) \cdot c = a \cdot c + b \cdot c$$

Для умножения суммы на число нужно каждое из чисел суммы умножить на данное число, а результаты действий сложить.

УМНОЖЕНИЕ РАЗНОСТИ НА ЧИСЛО

$$(5 - 2) \bullet 3 = 5 \bullet 3 - 2 \bullet 3 = 15 - 6 = 9$$

$$(a - b) \bullet c = a \bullet c - b \bullet c$$

Для умножения разности на число нужно каждое из чисел разности умножить на данное число, а результаты действий вычесть.

ДЕЛЕНИЕ СУММЫ НА ЧИСЛО

$$(6 + 3) : 3 = 6 : 3 + 3 : 3 = 2 + 1 = 3$$

$$(a + b) : c = a : c + b : c$$

Для деления суммы на число нужно каждое из чисел суммы разделить на данное число, а результаты действий сложить.

ДЕЛЕНИЕ РАЗНОСТИ НА ЧИСЛО

$$(6 - 3) : 3 = 6 : 3 - 3 : 3 = 2 - 1 = 1$$

$$(a - b) : c = a : c - b : c$$

Для деления разности на число нужно каждое из чисел разности разделить на данное число, а результаты действий вычесть.

СОЧЕТАТЕЛЬНОЕ СВОЙСТВО УМНОЖЕНИЯ

$$(6 \cdot 2) \cdot 3 = 6 \cdot (2 \cdot 3) = 6 \cdot 6 = 36$$

$$(a \cdot b) \cdot c = a \cdot (b \cdot c)$$

ПРИЁМЫ УСТНЫХ ВЫЧИСЛЕНИЙ

$6 + 5$

Удобнее прибавлять к круглому числу. Число **5** раскладываю на сумму удобных слагаемых так, чтобы **6** дополнить до **10**. Потом прибавлю остальное.

$$6 + 5 = 6 + (4 + 1) = (6 + 4) + 1 =$$
$$10 + 1 = 11$$

$12 - 5$

Удобнее вычитать из круглого числа. Число **5** раскладываю на сумму удобных слагаемых так, чтобы **12** уменьшить до **10**. Потом вычитаю остальное.

$$12 - 5 = 12 - (2 - 3) = (12 - 2) - 3 =$$
$$10 - 3 = 7$$

$$45 - 5 = 40$$

40 5

Число **45** раскладываю на сумму разрядных слагаемых **40** и **5**. Единицы вычитаю из единиц, десятки из десятков. Если вычесть **5**, то останется **40**.

$$40 + 20 = 60$$

40 — это **4** десятка, **20** — это **2** десятка.
4 десятка + **2** десятка = **6** десятков или число **60**.
Значит, **40 + 20 = 60**.

$$50 - 20 = 30$$

50 — это **5** десятков, **20** — это **2** десятка.
5 десятков — **2** десятка = **3** десятка или число **30**.
Значит, **50 — 20 = 30**.

$$34 + 20 = 54$$

34 раскладываю на сумму разрядных слагаемых **30** и **4**. Десятки складываю с десятками: $\mathbf{30 + 20 = 50}$, а $\mathbf{50 + 4 = 54}$. Значит, $\mathbf{34 + 20 = 54}$.

$$34 + 2 = 36$$

34 раскладываю на сумму разрядных слагаемых **30** и **4**. Единицы складываю с единицами: $\mathbf{4 + 2 = 6}$, а $\mathbf{30 + 6 = 36}$. Значит, $\mathbf{34 + 2 = 36}$.

$56 + 4 = 60$

56 раскладываю на сумму разрядных слагаемых **50** и **6**. Единицы складываю с единицами: $\mathbf{6 + 4 = 10}$, а $\mathbf{50 + 10 = 60}$. Значит, $\mathbf{56 + 4 = 60}$.

$34 - 20 = 14$

34 раскладываю на сумму разрядных слагаемых **30** и **4**. Десятки вычитаю из десятков: $\mathbf{30 - 20 = 10}$, а $\mathbf{10 + 4 = 14}$. Значит, $\mathbf{34 - 20 = 14}$.

$34 - 2 = 32$

34 раскладываю на сумму разрядных слагаемых **30** и **4**.
Единицы вычитаю из единиц: $\mathbf{4 - 2 = 2}$,
а $\mathbf{30 + 2 = 32}$.
Значит, $\mathbf{34 - 2 = 32}$.

$50 - 4 = 46$

50 раскладываю на сумму удобных слагаемых **40** и **10**. Удобнее **4** вычесть из **10**, и полученный результат **6** прибавить к **40**:

$$10 - 4 = 6$$
$$6 + 40 = 46$$

$34 - 5 = 29$

Удобнее вычитать из круглого числа **30**. Число **5** раскладываю на сумму удобных слагаемых **4** и **1**. Удобнее **34** уменьшить до **30**, а потом вычесть остальное:

$$34 - 5 = 34 - (4 + 1) = (34 - 4) - 1 =$$
$$30 - 1 = 29$$

$67 + 5 = 72$

Удобнее прибавлять к круглому числу **70**. Число **5** раскладываю на сумму удобных слагаемых **3** и **2** так, чтобы **67** дополнить до **70**. Потом прибавлю всё остальное:

$$\mathbf{67 + 5 = 67 + (3 + 2) = (67 + 3) + 2 =}$$
$$\mathbf{70 + 2 = 72}$$

60 – 15 = 45

Число **15** раскладываю на сумму разрядных слагаемых **10** и **5**. Десятки вычитаю из десятков и из полученного результата вычитаю **5**:

60 – 15 = 60 – (10 + 5) = (60 – 10) – 5 =
50 – 5 = 45

$$60 + 15 = 75$$

Число **15** раскладываю на сумму разрядных слагаемых **10** и **5**. Десятки складываю с десятками: **60 + 10 = 70**.

$$\mathbf{60 + 15 = 60 + (10 + 5) = (60 + 10) + 5 = 70 + 5 = 75}$$

$48 - 15 = 33$

Число **15** раскладываю на сумму разрядных слагаемых **10** и **5**. Удобнее из **48** сначала вычесть **10** и из полученного результата вычесть **5**.

$$\mathbf{48 - 15 = 48 - (10 + 5) = (48 - 10) - 5 = 38 - 5 = 33}$$

$$42 + 15 = 57$$

Число **15** раскладываю на сумму разрядных слагаемых **10** и **5**. Удобнее к **42** сначала прибавить **10**, а потом ещё **5**.

$$42 + 15 = 42 + (10 + 5) = (42 + 10) + 5 = 52 + 5 = 57$$

$$4 \cdot 20 = 80$$

Рассуждай так:

4 умножить на **2** десятка, получится **8** десятков или число **80.**

$$40 : 2 = 20$$

Рассуждай так:

4 десятка разделить на **2**, получится **2** десятка или число **20.**

$$40 : 20 = 2$$

Рассуждай так:

4 десятка разделить на **2** десятка, получится число **2.**

$18 \cdot 6$

18 представляю в виде суммы разрядных слагаемых **10** и **8**. Сначала **10** умножаю на **6**, затем **8** умножаю на **6**. Полученные числа складываю.

$$18 \cdot 6 = (10 + 8) \cdot 6 =$$
$$10 \cdot 6 + 8 \cdot 6 = 60 + 48 = 108$$

91 : 7

91 представляю в виде суммы удобных слагаемых, которые делятся на **7**. Это **70** и **21**. Сначала **70** делю на **7**, затем **21** делю на **7**. Полученные числа складываю.

91 : 7 = (70 + 21) : 7 = 70 : 7 + 21 : 7 =
10 + 3 = 13

$48 : 12$

Решаем пример методом подбора.

Пробуем 2. (**$12 \cdot 2 = 24$**) — не подходит

Пробуем 3. (**$12 \cdot 3 = 36$**) — не подходит

Пробуем 4. (**$12 \cdot 4 = 48$**) — подходит

Значит, **$48 : 12 = 4$**

ДЕЛЕНИЕ С ОСТАТКОМ

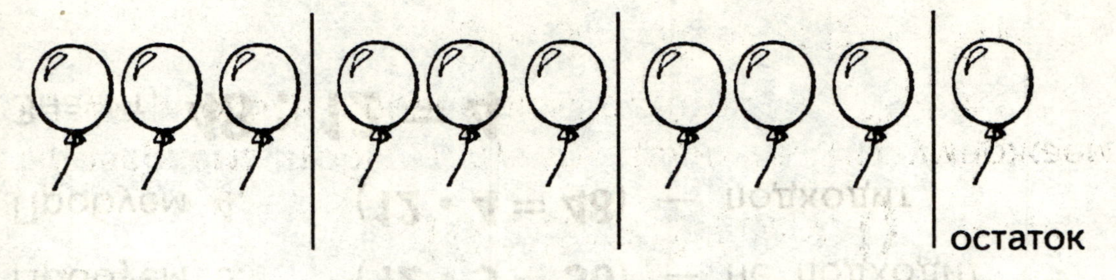

10 : 3 = 3 (остаток 1)

Рассуждай так:

Число **10** без остатка на **3** не делится. Подберём самое большое число, которое меньше **10** и делится на **3** без остатка. Это число **9**.

Делим **9** на **3**:

$$9 : 3 = 3$$

Получили частное. Находим остаток:

$$10 - 9 = 1$$

При делении остаток всегда меньше делителя, т. е. $1 < 2$. Значит,

$$10 : 3 = 3 \text{ (ост.1)}$$

Проверяем: чтобы получить делимое, мы умножаем частное на делитель и прибавляем остаток.

$$3 \cdot 3 + 1 = 10$$

Деление выполнено верно.

$$265 + 1 = 266$$

Прибавить **1** — значит назвать следующее число. За числом **265** стоит число **266**.
Следовательно, **265 + 1 = 266.**

$$265 - 1 = 264$$

Вычесть **1** — значит назвать предыдущее число. Перед числом **265** стоит число **264**.
Следовательно, **265 – 1 = 264.**

$$260 - 30 = 230$$

260 — это **26** десятков. **30** — это **3** десятка.
Из **26** десятков вычитаем **3** десятка и получаем **23** десятка или число **230**.

$$260 + 30 = 290$$

260 — это **26** десятков. **30** — это **3** десятка.
К **26** десяткам прибавляем **3** десятка и получаем **29** десятков или число **290**.

$$6 \cdot 10 = 60$$

Чтобы умножить число на **10**, достаточно справа приписать к нему один **нуль**.

$$6 \cdot 100 = 600$$

Чтобы умножить число на **100**, достаточно справа приписать к нему два **нуля**.

$$6 \cdot 1000 = 6000$$

Чтобы умножить число на **1000**, достаточно справа приписать к нему три **нуля**.

$$6000 : 10 = 600$$

Чтобы разделить число на **10**, достаточно справа зачеркнуть один **нуль**.

$$6000 : 100 = 60$$

Чтобы разделить число на **100**, достаточно справа зачеркнуть два **нуля**.

$$6000 : 1000 = 6$$

Чтобы разделить число на **1000**, достаточно справа зачеркнуть три **нуля**.

СОЧЕТАТЕЛЬНЫЙ ЗАКОН СЛОЖЕНИЯ

$$375 + 287 + 125 + 213 =$$
$$(375 + 125) + (287 + 213) =$$
$$500 + 500 = 1000$$

$$399 + 473 = 400 + 472 = 872$$

СОЧЕТАТЕЛЬНЫЙ ЗАКОН УМНОЖЕНИЯ

Умножение на 5

$$36 \cdot 5 = (36 \cdot 10) : 2 = 360 : 2 = 180$$

$$36 \cdot 5 = (36 : 2) \cdot 10 = 18 \cdot 10 = 180$$

Умножение на 9

$$25 \cdot 9 = 25 \cdot 10 - 25 = 250 - 25 = 225$$

Умножение на 50

$$424 \cdot 50 = (424 \cdot 100) : 2 = 21200$$

Умножение на 25

$$496 \cdot 25 = (496 : 4) \cdot 100 = 12400$$

Умножение на 15

$$24 \cdot 15 = (24 \cdot 30) : 2 = (24 : 2) \cdot 30 =$$
$$12 \cdot 30 = 360$$

Умножение на 11

$$26 \cdot 11 = 26 \cdot 10 + 26 = 286$$

Умножение на 99

$$45 \cdot 99 = 45 \cdot 100 - 45 = 4455$$

Умножение на 125

$$496 \cdot 125 = (496 : 8) \cdot 1000 = 62000$$

Умножение на 101

$$34 \cdot 101 = 34 \cdot 100 + 34 = 3434$$

Деление на 5

$$245 : 5 = (250 - 5) : 5 = 50 - 1 = 49$$

Деление на 25

$$8900 : 25 = (8900 : 100) \cdot 4 = 89 \cdot 4 =$$
$$(90 - 1) \cdot 4 = 360 - 4 = 356$$

ПОРЯДОК ДЕЙСТВИЙ

$$\overset{①}{24 : 6} \overset{②}{\cdot} 3 \overset{③}{:} 2 \overset{④}{:} 3$$

В выражениях без скобок умножение и деление выполняется по порядку, слева направо.

$$\overset{①}{24 : 6} \overset{④}{+} 12 \overset{②}{:} 2 \overset{③}{:} 3$$

В выражениях без скобок сначала выполняются умножение и деление, а потом сложение и вычитание по порядку, слева направо.

$$\overset{②}{24 :} \; \overset{⑤}{6 +} \; \overset{③}{12 :} \; (6 \overset{①}{-} 4) \overset{④}{:} 3$$

В выражениях со скобками сначала выполняются действия в скобках, потом умножение и деление по порядку, а потом сложение и вычитание по порядку, слева направо.

ПРИЁМЫ ПИСЬМЕННЫХ ВЫЧИСЛЕНИЙ

$$
\begin{array}{r}
5321 \\
+\quad 436 \\
\hline
5757
\end{array}
$$

Подписываю одно число под другим так, чтобы единицы были под единицами, десятки под десятками, сотни под сотнями и т.д. Складываю единицы с единицами, десятки с десятками, сотни с сотнями и т.д.

$$
\begin{array}{r}
- \begin{array}{r} 5789 \\ 138 \end{array} \\
\hline
5651
\end{array}
$$

Подписываю одно число под другим так, чтобы единицы были под единицами, десятки под десятками, сотни под сотнями и т.д. Вычитаю единицы из единиц, десятки из десятков, сотни из сотен и т.д.

$$\begin{array}{r} 5321 \\ +\;\;999 \\ \hline 6320 \end{array}$$

Подписываю одно число под другим так, чтобы единицы были под единицами, десятки под десятками, сотни под сотнями.

Складываю единицы с единицами:

1 + **9** = **10**, **0** единиц записываю, а **1** десяток запоминаю.

Складываю десятки с десятками:

2 дес. + **9** дес. = **11** дес. и ещё **1** дес.
Получаю **12** десятков.
2 десятка записываю, а **1** сотню запоминаю.

Складываю сотни с сотнями:
3 сот. + **9** сот. = **12** сот. и ещё **1** сотня.
Получаю **13** сот.
3 сотни записываю, а **1** тысячу запоминаю.

Посмотрим на разряд тысяч: **5** тысяч и ещё **1** тыс. Получаю **6** тысяч.

$$
\begin{array}{r}
-\begin{array}{r} 5\dot{9}\dot{3}8 \\ 759 \end{array} \\
\hline
5179
\end{array}
$$

Подписываю одно число под другим так, чтобы единицы были под единицами, десятки под десятками, сотни под сотнями.

Вычитаю единицы из единиц: из **8** нельзя вычесть **9**. Занимаем **1** десяток у **3**: из **18** вычесть **9** будет **9**.

Вычитаю десятки из десятков: было **3** десятка, так как **1** десяток занимали, осталось **2** десятка.

Из **2** десятков нельзя вычесть **5** десятков. Занимаем **1** сотню у **9**: из **12** десятков вычесть **5** десятков будет **7** десятков.

Вычитаю сотни из сотен: было **9** сотен, так как **1** сотню занимали осталось **8** сотен. Из **8** сотен вычесть **7** сотен останется **1** сотня.

Смотрим на тысячи: они остаются без изменений.

$$\begin{array}{r} \dot{5}\dot{0}\dot{0}0 \\ -\quad 759 \\ \hline 4241 \end{array}$$

Подписываю одно число под другим так, чтобы единицы были под единицами, десятки под десятками, сотни под сотнями.

Вычитаю единицы из единиц: из **0** нельзя вычесть **9**. Занимаем **1** десяток у **0**. У **0** занять нельзя, идём дальше.

Занимаем **1** у **5** тысяч. Из **10** вычесть **9** будет **1**.

Вычитаю десятки из десятков: если над **0** стоит точка, то это не **0** а **9**. Из **9** вычесть **5** будет **4**.

Вычитаю сотни из сотен: если над **0** стоит точка, то это не **0** а **9**. Из **9** вычесть **7** будет **2**.

Смотрим на тысячи: было **5** тысяч, так как **1** тысячу занимали, осталось **4** тысячи.

$$\begin{array}{r} 254 \\ \times \quad 3 \\ \hline 762 \end{array}$$

Напишем однозначное число под единицами трёхзначного числа.

Умножаем единицы: **4 • 3 = 12**, **2** единицы пишем, а **1** десяток запоминаем.

Умножаем десятки: **5 • 3 = 15** дес. и ещё **1** дес. — **16** десятков. **6** десятков пишем, а **1** сотню запоминаем.

Умножаем сотни: **2 • 3 = 6** сот. и ещё **1** сот. — **7** сотен.

$$
\begin{array}{r}
\times\ \begin{array}{r} 504 \\ 3 \end{array} \\
\hline
1512
\end{array}
$$

Напишем однозначное число под единицами многозначного числа.

Умножаем единицы: **4 • 3 = 12**.

2 единицы пишем, а **1** десяток запоминаем.

Умножаем десятки: **0 • 3 = 0** дес. и ещё **1** дес. — **1** десяток пишем.

Умножаем сотни: **5 • 3 = 15** сот.

```
  51400
x     3
-------
 154200
```

Пишем множители один под другим так, чтобы нули остались в стороне.

Выполним умножение, не обращая внимания на нули.

Умножим сотни: **4** сот. • **3** = **12** сот.

2 сотни пишем, **1** единицу тысяч запоминаем.

Умножим единицы тысяч: **1** ед. тыс. • **3** = **3** ед. тыс. и **1** ед. тысяч запоминали. Следовательно, у нас **4** ед. тысяч. Запишем.

Умножим десятки тысяч: **5** дес. тыс. • **3** = **15** дес. тыс.

$$\begin{array}{r} \times \begin{array}{r} 514 \\ 300 \end{array} \\ \hline 154200 \end{array}$$

Пишем множители один под другим так, чтобы нули остались в стороне.

Выполним умножение, не обращая внимания на нули.

Умножим единицы: **4** ед. • **3** = **12** ед. **2** единицы пишем, **1** десяток запоминаем.

Умножим десятки: **1** дес. • **3** дес. = **3** дес. **1** десяток запоминали — **4** десятка. Запишем.

Умножим сотни: **5** сот. • **3** сот. = **15** сот.

Подсчитываем количество нулей и приписываем их к произведению.

$$\begin{array}{r} \times \begin{array}{r} 51400 \\ 40 \end{array} \\ \hline 2056000 \end{array}$$

Напишем множители один под другим так, чтобы нули остались в стороне.

Выполним умножение, не обращая внимания на нули.

Умножим единицы: **4** сот. • **4** = **16** сот., **6** сотен пишем, **1** тысячу запоминаем.

Умножим единицы тысяч:

1 ед. тыс. • **4 = 4** ед. тыс. и ещё **1** ед. тысяч запоминали — **5** ед. тысяч. Запишем.

Умножим десятки тысяч:

5 дес. тысяч • **4 = 20** дес. тысяч.

Подсчитываем количество нулей и приписываем их к произведению.

$$
\begin{array}{r}
54 \\
\times\quad 24 \\
\hline
216 \\
108 \\
\hline
1296
\end{array}
$$

Подпишем числа друг под другом так, чтобы единицы были под единицами, десятки под десятками и т.д.

Находим первое неполное произведение, т. е. число **54** умножаем на **4**.

Находим второе неполное произведение, т. е. число **54** умножаем на **2**.

Второе неполное произведение начинай писать под первым неполным произведением, сдвинув его на один знак влево.

Складываем неполные произведения.

$$
\begin{array}{r}
\times \begin{array}{r} 254 \\ 24 \end{array} \\
\hline
1016 \\
508 \\
\hline
6096
\end{array}
$$

Подпишем числа друг под другом так, чтобы единицы были под единицами, десятки под десятками и т. д.

Находим первое неполное произведение, т. е. число **254** умножаем на **4**.

Находим второе неполное произведение, т. е. число **254** умножаем на **2**.

Второе неполное произведение начинай писать под первым неполным произведением, сдвинув его на один знак влево.

Сложи неполные произведения.

```
   254
x  124
------
  1016
  508
 254
------
 31496
```

Подпишем числа друг под другом так, чтобы единицы были под единицами, десятки под десятками и т. д.

Находим первое неполное произведение, т.е. число **254** умножаем на **4**.

Находим второе неполное произведение, т.е. число **254** умножаем на **2**. Второе неполное произведение начинай писать под первым неполным произведением, сдвинув его на один знак влево.

Находим третье неполное произведение, т.е. число **254** умножаем на **1**. Третье неполное произведение начинай писать под вторым неполным произведением, сдвинув его на один знак влево.

Сложите неполные произведения.

$$\begin{array}{r} 254 \\ \times \quad 205 \\ \hline 1270 \\ 508 \\ \hline 52070 \end{array}$$

Подпишем числа друг под другом так, чтобы единицы были под единицами, десятки под десятками и т.д.

Находим первое неполное произведение, т. е. число **254** умножаем на **5**.

При умножении на **0** в результате получается **0**, поэтому строку писать не будем, а сдвинем следующее неполное произведение ещё на один знак влево.

Находим следующее неполное произведение, т.е. число **254** умножаем на **2**.

Складываем неполные произведения.

```
328 | 2
2   |----
--- | 164
12
12
---
  8
  8
  -
  0
```

Записываем пример столбиком.

Определяем первое неполное делимое (наименьшее число, которое делится на делитель). Берём **3** сотни.

Определяем количество цифр в частном. Первое полное делимое **3** сотни, значит, в частном **3** цифры: сотни, десятки, единицы.

Разделим первое неполное делимое, узнаем, сколько сотен не разделили.

3 : 2 — ближайшее наименьшее число, которое делится на **2** без остатка, — это **2**.

2 : 2 = 1.

1 записываем в частное. Из **3** вычитаем **2**. Верно.

Сносим следующую цифру. Делим полученное **12** на **2**.

12 : 2 = 6.

6 записываем в частное. Сносим следующую цифру. Делим полученное число **8** на **2**.

8 : 2 = 4. **4** записываем в частное.

Получили частное **164**.

```
1816 | 4
16   |----
---- | 454
 21
 20
----
  16
  16
  --
   0
```

Записываем пример столбиком.

Определяем первое неполное делимое (наименьшее число, которое делится на делитель). **1** на **4** разделить нельзя, берём **18** сотен.

Определяем количество цифр в частном. Первое неполное делимое **18** сотен, значит, в частном **3** цифры: сотни, десятки, единицы.

Разделим первое неполное делимое, узнаем, сколько единиц не разделили.

18 : 4

Ближайшее наименьшее число, которое делится на **4** без остатка, — **16**.

16 : 4 = 4.

4 записываем в частное. Из **18** вычитаем **16**. Не разделили **2**.

Проверяем — остаток не может быть больше делителя: **2** меньше **4**. Верно.

Сносим следующую цифру. Делим полученное число **21** на **4**.

21 : 4

Ближайшее наименьшее число, которое делится на **4** без остатка, — **20**.

20 : 4 = 5.

5 записываем в частное. Из **21** вычитаем **20**. Не разделили **1**.

Проверяем — остаток не может быть больше делителя; **1** меньше **4**. Верно.

Сносим следующую цифру. Делим полученное число **16** на **4**.

16 : 4 = 4.

4 записываем в частное.

Получили частное **454**.

```
42600 | 4
4     |-----
----- | 10650
 26
 24
 ---
  20
  20
  --
   0
```

Запишем пример столбиком.

Определим первое неполное делимое (наименьшее число, которое делится на делитель). Возьмём **4** десятка тысяч.

Определим количество цифр в частном.

Первое неполное делимое — **4** десятка тысяч, значит, в частном **5** цифр: десятки тысяч, единицы тысяч, сотни, десятки, единицы.

Разделим первое неполное делимое.

4 : 4 = 1

Запишем **1** в частное.

Сносим следующую цифру. Число **2** нельзя разделить на **4**. Запишем в частное **0**.

Сносим следующую цифру. Разделим полученное число **26** на **4**.

26 : 4

Ближайшее наименьшее число, которое делится на **4** без остатка, — **24**.

24 : 4 = 6
Запишем **6** в частное. Из **26** вычтем **24**.
Не разделили **2**.

Проверяем: остаток не может быть больше делителя. **2** меньше **4**. Верно.

Сносим следующую цифру. Разделим полученное число **20** на **4**.

20 : 4 = 5
Запишем **5** в частное.

Последняя цифра делимого — **0**. Перенесли её в частное.

```
328000 | 2
2      |------
--     | 164000
12
12
--
 8
 8
 -
 0
```

Определим первое неполное делимое (наименьшее число, которое делится на делитель). Возьмём **4** сотни тысяч.

Определим количество цифр в частном.

Первое неполное делимое **4** сотни тысяч, значит, в частном **6** цифр: сотни тысяч, десятки тысяч, единицы тысяч, сотни, десятки, единицы.

Разделим первое неполное делимое, узнаем, сколько сотен не разделили.

3 : 2

Ближайшее наименьшее число, которое делится на **2** без остатка, — это **2**.

2 : 2 = 1.

Запишем **1** в частное. Из **3** вычтем **2**. Не разделили **1**.

Проверяем: остаток не может быть больше делителя **1** меньше **2**. Верно.

Сносим следующую цифру. Разделим полученное число **12** на **2**.

12 : 2 = 6

Запишем **6** в частное.

Сносим следующую цифру. Разделим полученное число **8** на **2**.

8 : 2 = 4

Запишем **4** в частное.

Последние цифры делимого — нули. Перенесем их в частное.

```
3280 | 20
20   |----
---- | 164
128
120
----
  80
  80
  --
   0
```

Определим первое неполное делимое (наименьшее число, которое делится на делитель). **3** на **4** разделить нельзя, берём **32** сотни.

Определим количество цифр в частном. Первое неполное делимое **32** сотни, значит, в частном **3** цифры: сотни, десятки, единицы.

Разделим первое неполное делимое. **32** и **20** разделим на **10**.

3 : 2, получим **1** и запишем в частное. Узнаем, сколько сотен разделили:

20 • 1 = 20

Узнаем, сколько сотен не разделили:

32 – 20 = 12

Проверяем: остаток не может быть больше делителя — **12** меньше **20**. Верно.

Сносим следующую цифру. Разделим полученное число **128** на **20**.

28 и **20** разделим на **10**.

12 : 2, получим **6** и запишем в частное. Узнаем, сколько сотен разделили.

20 • 6 = 120.

Узнаем, сколько сотен не разделили:

128 – 120 = 8

Проверяем: остаток не может быть больше делителя — **8** меньше **20**.

Сносим следующую цифру. Разделим полученное число **80** на **20**.

80 и **20** разделим на **10**.

8 : 2 = 4

Запишем **4** в частное.

$$
\begin{array}{r|l}
874 & 46 \\ \cline{2-2}
\underline{46} & 19 \\
414 & \\
\underline{414} & \\
0 &
\end{array}
$$

Определим первое неполное делимое (наименьшее число, которое делится на делитель). **8** на **46** разделить нельзя, берём **87** десятков.

Определяем количество цифр в частном. Первое неполное делимое **87** десятков, значит, в частном **2** цифры: десятки, единицы.

Разделим первое неполное делимое. **87** и **46** разделим на **10**.

8 : 4, получим **2**. Узнаем, сколько десятков разделили:

46 • 2 = 92
92 больше **87**. Значит, **2** нам не подходит. Берём по **1**.

Узнаем, сколько десятков разделили:

46 • 1 = 46
46 меньше **87**. Из **87** вычитаем **46** и получим **41**.
41 меньше **46**. Значит, цифра **1** верная.
Записываем её в частное.
Сносим следующую цифру. Делим полученное число **414** на **46**.

414 и **46** разделим на **10**.

41 : 4, получим **10**. Узнаем, сколько единиц разделили:

46 • 10 = 460;
460 больше **414**. Значит, **10** нам не подходит. Берём по **9**.

Узнаем, сколько десятков разделили:
46 • 9 = 414

Записываем **9** в частное.
Получили частное **19**.

```
1104 | 46
 92  |----
---- | 24
 184
 184
----
   0
```

Определим первое неполное делимое (наименьшее число, которое делится на делитель). Разделить **1** на **46** нельзя, и **11** разделить на **46** тоже нельзя, берём **110** десятков.

Определим количество единиц в частном. Первое неполное делимое **110** десятков, значит, в частном **2** цифры: десятки, единицы.

Разделим первое неполное делимое. Разделим **110** и **46** на **10**.

11 : 4, получим **2**.

Узнаем, сколько десятков разделили:

$46 \cdot 2 = 92$

92 меньше **110**. Из **110** вычитаем **92** и получим **18**. **18** меньше **46**. Значит, цифра **2** верная. Запишем её в частное.

Сносим следующую цифру. Разделим полученное число **184** на **46**.

184 и **46** разделим на **10**.

18 : 4, получим **4**.

Узнаем, сколько единиц разделили:

46 • 4 = 184

Запишем **4** в частное.

Получим частное **24**.

$$
\begin{array}{r|l}
7592 & 146 \\ \cline{2-2}
730 & 52 \\ \cline{1-1}
292 & \\
292 & \\ \cline{1-1}
0 &
\end{array}
$$

Определим первое неполное делимое (наименьшее число, которое делится на делитель). **7** на **146** разделить нельзя и **75** на **146** разделить нельзя, берём **759** десятков.

Определяем количество цифр в частном. Первое неполное делимое **759** десятков, значит, в частном **2** цифры: десятки, единицы. Разделим **759** и **146** на **100**.

7 : 1, получим **7**.

Узнаем, сколько десятков разделили:

146 • 7 = 1022.

1022 больше **759**. Значит, **7** нам не подходит.

Берём по **6**. Узнаем, сколько десятков разделили:

146 • 6 = 876

876 больше **759**. Значит, **6** нам не подходит.

Берём по **5**.

Узнаем, сколько десятков разделили:

146 • 5 = 730

730 меньше **759**. Из **759** вычитаем **730** и получаем **29**.

29 меньше **146**. Значит, цифра **5** верная. Записываем её в частное. Сносим следующую цифру. Делим полученное число **292** на **146**.

292 и **146** разделим на **100**.

2 : 1, получим **2**.

Узнаем, сколько единиц разделили:

146 • 2 = 292
Записываем **2** в частное.

Получили частное **52**.

ЕДИНИЦЫ ДЛИНЫ

1 см = 10 мм	1 м = 1000 мм
1 дм = 10 см	1 км = 1000 м
1 дм = 100 мм	1 км = 10000 дм
1 м = 10 дм	1 км = 100000 см
1 м = 100 см	1 км = 1000000 мм

ОПЕРАЦИИ С ЕДИНИЦАМИ ДЛИНЫ

$$\begin{array}{r} 8 \text{ км } 645 \text{ м} \\ + \; 4 \text{ км } 654 \text{ м} \\ \hline 13 \text{ км } 299 \text{ м} \end{array}$$

Способ I

Подписываем величины одну под другой так, чтобы метры были под метрами, километры под километрами.

Сложение начинается с меньших единиц измерения, в данном случае с метров.

Способ II

Оба слагаемых выражаем в метрах:

8 км 645 м = 8645 м
4 км 654 м = 4654 м

Полученные числа складываем.
Результат выражаем в километрах и метрах.

$$\begin{array}{r} 8645\ \text{м} \\ +\ 4654\ \text{м} \\ \hline 13299\ \text{м} \end{array}$$

13299 м = 13 км 299 м

$$
\begin{array}{r}
-\begin{array}{r} 8 \text{ км } 645 \text{ м} \\ 4 \text{ км } 434 \text{ м} \end{array} \\
\hline
4 \text{ км } 211 \text{ м}
\end{array}
$$

Способ I

Подписываем величины одну под другой так, чтобы метры были под метрами, километры под километрами.

Вычитание начинается с меньших единиц измерения, в данном случае с метров.

Способ II

Оба слагаемых выражаем в метрах:

8 км 645 м = 8645 м
4 км 434 м = 4434 м

Полученные числа вычитаем.
Результат выражаем в километрах и метрах.

$$\begin{array}{r} 8645 \text{ м} \\ - \ 4434 \text{ м} \\ \hline 4211 \text{ м} \end{array}$$

4211 м = 4 км 211 м

ЦЕНА. КОЛИЧЕСТВО. СТОИМОСТЬ

Стоимость = Цена · Количество

Цена = Стоимость : Количество

Количество = Стоимость : Цена

СКОРОСТЬ. ВРЕМЯ. РАССТОЯНИЕ

$$S = V \cdot t$$

(расстояние) (скорость) (время)

$$V = S : t$$

$$t = S : V$$

МЕРЫ МАССЫ

1 кг = 1000 г

1 ц = 100 кг

1 ц = 100000 г

1 т = 10 ц

1 т = 1000 кг

1 т = 1000000 г

МЕРЫ ВРЕМЕНИ

1 век = 100 лет

1 год = 12 мес.

1 год = 365 или 366 сут.

1 мес. = 30 или 31 сут.

1 сут. = 24 час.

1 час. = 60 мин.

1 мин. = 60 сек.

ДОЛИ

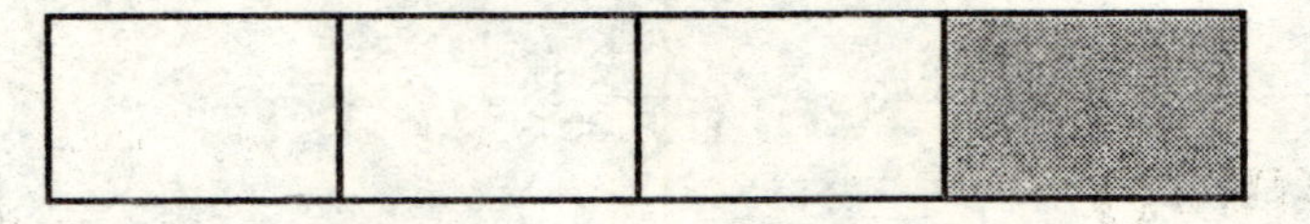

$$\frac{1}{4}$$

1 — числитель

4 — знаменатель

Числитель показывает сколько равных долей мы взяли.

Знаменатель показывает на сколько равных частей разделена фигура, принимаемая нами за единицу.

ГЕОМЕТРИЧЕСКИЕ ФИГУРЫ

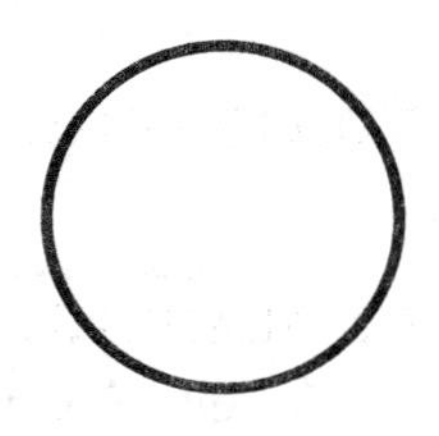

Круг

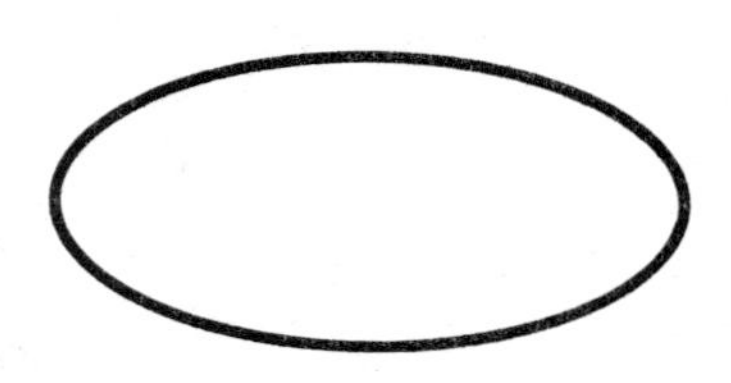

Овал

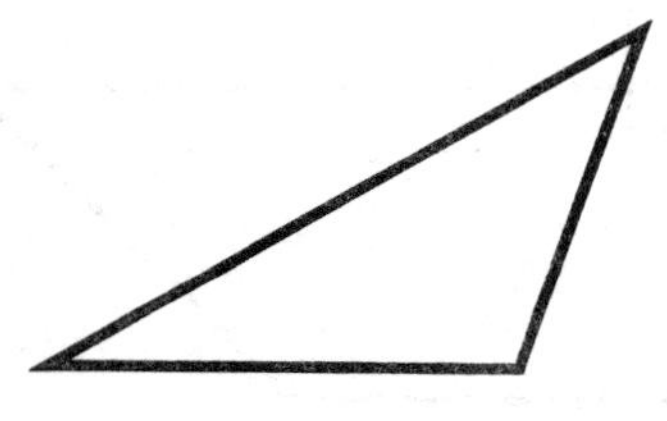

Треугольник — геометрическая фигура, у которой три угла и три стороны.

Четырёхугольники — это геометрические фигуры, у которых четыре угла и четыре стороны.

Прямоугольник — это четырёхугольник, у которого противоположные стороны равны.

Квадрат — это прямоугольник, у которого все стороны равны.

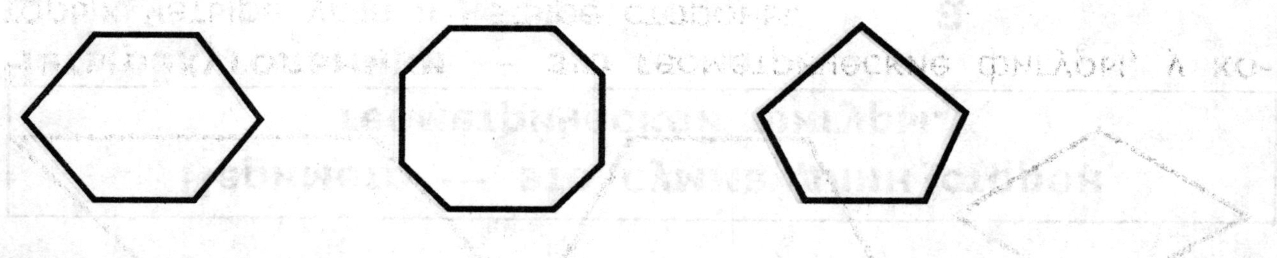

Многоугольники

ПЕРИМЕТРЫ ФИГУР

Периметр — это сумма длин сторон геометрической фигуры.

Прямоугольник

P = a + a + в + в

P = (a + в) · 2

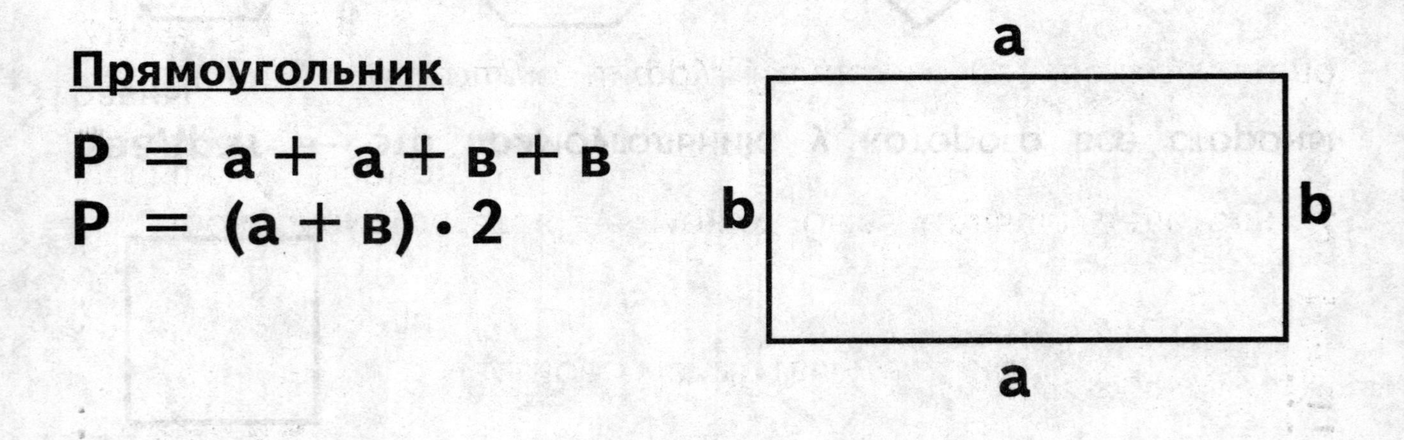

Периметр прямоугольника равен удвоенной сумме его сторон.

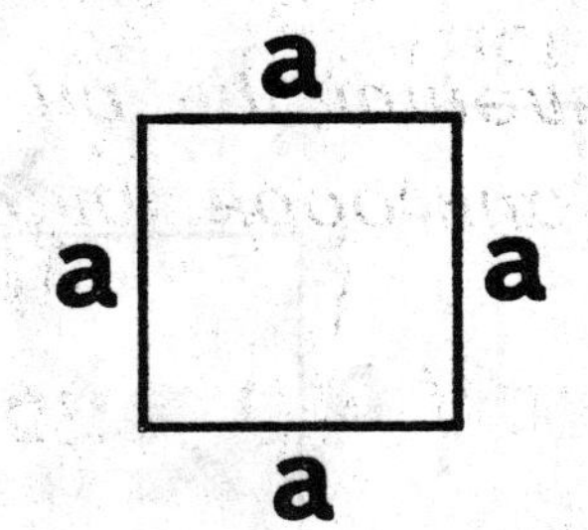

Квадрат

$P = a + a + a + a$

$P = a \cdot 4$

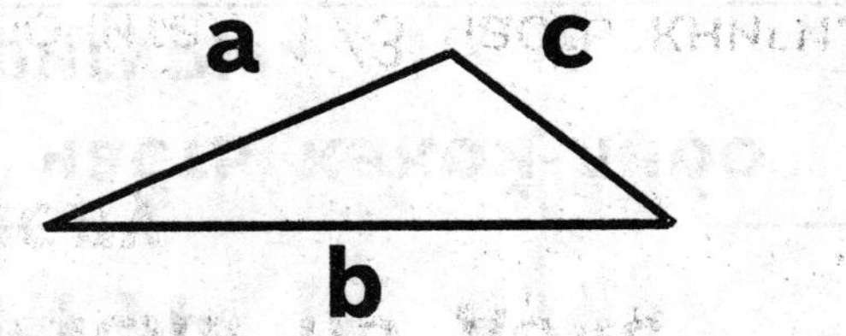

Треугольник

$P = a + в + c$

ПЛОЩАДИ ФИГУР

Площадь — это внутренняя часть какой-либо геометрической фигуры.

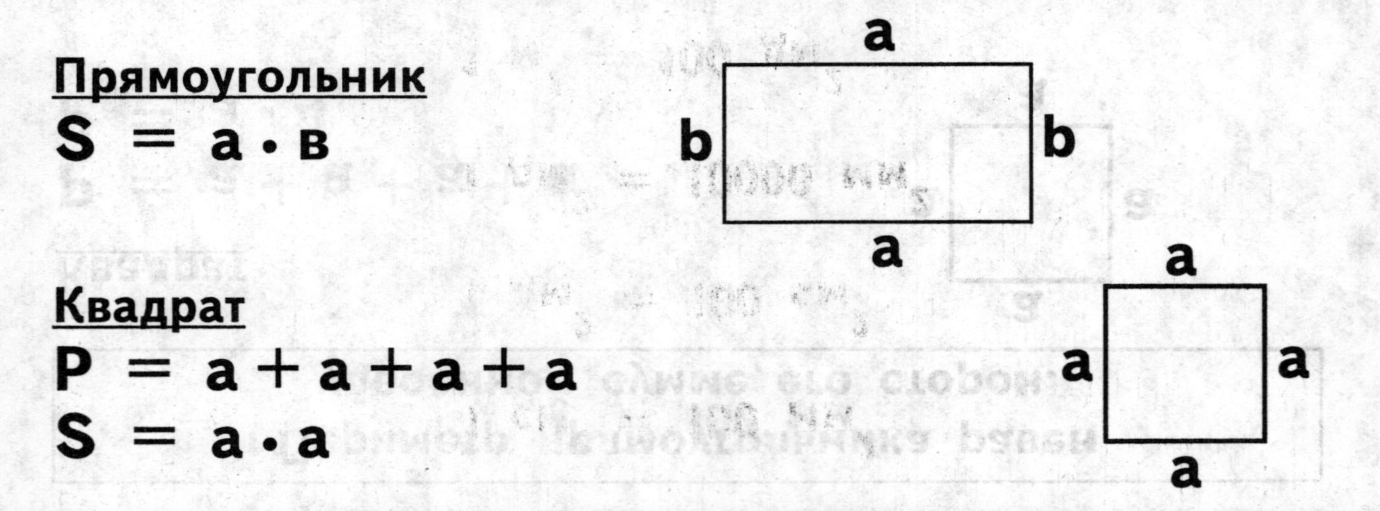

Прямоугольник

$S = a \cdot в$

Квадрат

$P = a + a + a + a$

$S = a \cdot a$

$1 \text{ см}^2 = 100 \text{ мм}^2$

$1 \text{ дм}^2 = 100 \text{ см}^2$

$1 \text{ дм}^2 = 10000 \text{ мм}^2$

$1 \text{ м}^2 = 100 \text{ дм}^2$

$1 \text{ м}^2 = 10000 \text{ см}^2$

ТИПЫ ПРОСТЫХ ЗАДАЧ

ЗАДАЧА

ОТВЕТ

РЕШЕНИЕ

ВОПРОС

УСЛОВИЕ

Задачи на нахождение суммы

• В вазе 3 белые и 2 розовые гвоздики. Сколько всего гвоздик в вазе?

Б. — 3 г. }
Р. — 2 г. } **?** г.

3 + 2 = 5 (г.)

Ответ: 5 гвоздик в вазе.

• Во дворе было 3 мальчика. К ним пришли ещё 2 мальчика. Сколько мальчиков стало во дворе?

Было — 3 м. ○○○ ○○
Пришли — 2 м.
Стало — **?** м.

3 + 2 = 5 (м.)

Ответ: 5 мальчиков стало во дворе.

• В пакете лежали 3 зелёных, 2 жёлтых яблока, а красных яблок столько, сколько зелёных и жёлтых яблок вместе. Сколько красных яблок лежало в пакете?

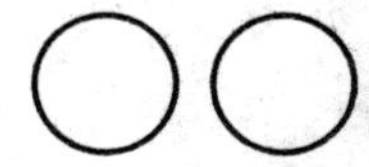

З. — 3 яб.

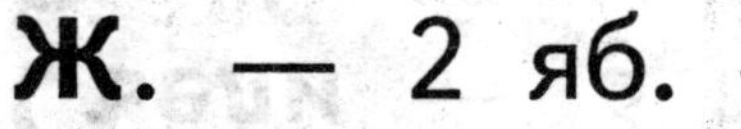

Ж. — 2 яб.

К. — **?** яб.

$3 + 2 = 5$ (яб.)

Ответ: 5 красных яблок в пакете.

Задачи на нахождение остатка

• На тарелке было 5 персиков. 3 персика съели. Сколько персиков осталось на тарелке?

Было — 5 п.
Съели — 3 п.
Осталось — ? п.

$5 - 3 = 2$ (п.)

Ответ: 2 персика осталось на тарелке.

Задачи на увеличение и уменьшение числа на несколько единиц

• Антон нашёл 5 больших грибов, а маленьких на 2 больше. Сколько маленьких грибов нашёл Антон?

Б. — 5 г.

М. — **?** г., на 2 г. **больше**

Рассуждай так: *на 2 больше — это значит столько же, сколько и больших грибов, и ещё 2. Значит надо к 5 прибавить ещё два.*

$5 + 2 = 7$ (п.)

Ответ: 7 маленьких грибов нашёл Антон.

• У Иры 5 кукол, а у Ани на 2 куклы меньше. Сколько кукол у Ани?

Рассуждай так: *На 2 меньше — это значит столько же, сколько кукол у Иры, но без 2. Значит надо от 5 отнять 2.*

$5 - 2 = 3$ (к.)

Ответ: У Ани 3 куклы.

Задачи на разностное сравнение

• У Вики 5 тетрадей, а у Марины 2 тетради. На сколько больше тетрадей у Вики, чем у Марины?

В. — 5 т.
М. — 2 т. на **?** т.

Рассуждай так: *чтобы узнать, на сколько одно число больше или меньше другого, надо из большего вычесть меньшее.*

5 – 2 = 3(т.)

Ответ: У Вики на 3 тетради больше, чем у Марины.

Задачи на нахождение неизвестного слагаемого

• В саду было 6 роз. Из них 4 красные, а остальные розовые. Сколько розовых роз было в саду?

$$\left.\begin{array}{l}\textbf{К.} — 4 \text{ р.}\\ \textbf{Р.} — \textbf{?} \text{ р.}\end{array}\right\} 6 \text{ р.}$$

○○⌀⌀⌀⌀

Рассуждай так: *чтобы найти неизвестное слагаемое, надо из суммы вычесть известное слагаемое.*

6 – 4 = 2 (р.)

Ответ: 2 розовые розы цвели в саду.

• У Саши 6 самолётиков. Когда мама купила ему ещё несколько самолётиков, у него их стало 10. Сколько самолётиков купили Саше?

Было — 6 с.
Купили — **?** с.
Стало — 10 с.

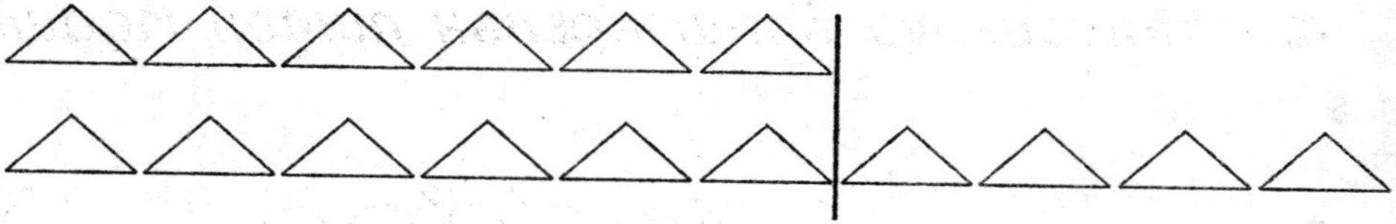

Рассуждай так: *чтобы найти неизвестное слагаемое, надо из суммы вычесть известное слагаемое.*

10 – 6 = 4 (с.)

Ответ: 4 самолётика купили Саше.

Задачи на нахождение неизвестного уменьшаемого

• В саду цвели розы. 4 розы срезали, и осталось ещё 3 розы. Сколько роз цвело в саду?

Было — **?** р.
Срезали — 4 р.
Осталось — 3 р.
Рассуждай так: *чтобы найти неизвестное уменьшаемое, надо к разности прибавить вычитаемое.*
$3 + 4 = 7$ (р.)
Ответ: 7 роз цвело в саду.

Задачи на нахождение неизвестного вычитаемого

• В саду цвело 7 роз. Несколько роз срезали, и осталось 3 розы. Сколько роз срезали в саду?

Цвели — 7 р.
Срезали — **?** р.
Осталось — 3 р.

Рассуждай так: *чтобы найти неизвестное вычитаемое, надо из уменьшаемого вычесть разность.*

7 – 3 = 4 (р.)

Ответ: 4 розы срезали в саду.

Задачи на умножение

• В одном наборе 3 ручки. Сколько ручек в 7 наборах?

1 н. — 3 р. | /// | **• 7**

7 н. — **?** р.

Рассуждай так: *3 ручки повторяются 7 раз, значит,*

3 • 7 = 21 (р.)

Ответ: 21 ручка в 7 наборах.

Задачи на увеличение и уменьшение числа в несколько раз

• Антон нашёл 6 больших подосиновиков, а маленьких в 2 раза больше. Сколько маленьких подосиновиков нашёл Антон?

Б. — 6 п. ←┐
М. — **?** п., в 2 раза **больше** ┘

6 • 2 = 12 (п.)

Ответ: 12 маленьких подосиновиков нашёл Антон.

• У Иры 6 кукол, а у Ани в 2 раза меньше. Сколько кукол у Ани?

Ир. — 6 к. ←┐
Ан. — **?** к., в 2 раза **меньше** ┘

6 : 2 = 3 (к.)

Ответ: 3 куклы у Ани.

Задачи на деление по содержанию и на равные части

• 18 апельсинов раздали детям по 3 штуки каждому. Сколько детей получили апельсины?

1 р. — 3 ап.
? д. — 18 ап.

18 : 3 = 6 (д.)

Ответ: 6 детей получили апельсины.

• 18 апельсинов раздали 6 детям поровну. Сколько апельсинов получил каждый ребёнок?

6 д. — 18 ап.
1 р. — **?** ап.

18 : 6 = 3 (ап.)

Ответ: 3 апельсина получил каждый ребёнок.

Задачи на кратное сравнение

• В одной вазе 6 яблок, в другой вазе 3 яблока. Во сколько раз в первой вазе яблок больше, чем во второй?

I — 6 яб. ↕ Во ? раз
II — 3 яб.

Рассуждай так: *чтобы узнать, во сколько раз одно число больше или меньше другого, надо большее число разделить на меньшее.*

6 : 3 = 2 (р.)

Ответ: в 2 раза больше яблок в первой вазе, чем во второй.

Задачи с косвенными вопросами

• В одной книжке 10 картинок. Это на 3 картинки меньше, чем во второй. Сколько картинок во второй книжке?

I — 10 к., это на 3 к. меньше ─┐
II — ? к. ←────────────────┘

Рассуждай так: *если в первой книжке на 3 картинки меньше, то во второй книжке на 3 картинки больше.*

10 + 3 = 13 (к.)

Проверяю: в одной книжке 10 картинок, а другой 13. В первой книжке на 3 картинки меньше. Верно.

Ответ: 13 картинок во второй книжке.

• В одной книжке 10 картинок. Это на 3 картинки больше, чем во второй книжке. Сколько картинок во второй книжке?

I — 10 к., это на 3 к. больше
II — **?** к.

Рассуждай так: *если в первой книжке на 3 картинки больше, то во второй книжке на 3 картинки меньше.*
$10 - 3 = 7$ (к.)

Проверяю: в одной книжке 10 картинок, а другой 7. В первой книжке на 3 картинки больше. Верно.

Ответ: 7 картинок во второй книжке.

• У Валеры 4 машинки. Это в 2 раза меньше, чем у Серёжи. Сколько машинок у Серёжи?

В. — 4 м., это в 2 раза меньше ─┐
С. — ? м. ←──────────────┘

Рассуждай так: *если у Валеры машинок в 2 раза меньше, то у Серёжи их в 2 раза больше.*

4 • 2 = 8 (м.)

Проверяю: у Валеры 4 машинки, у Серёжи 8 машинок. У Валеры машинок в 2 раза меньше. Верно.

Ответ: 8 машинок у Серёжи.

• У Валеры 4 машинки. Это в 2 раза больше, чем у Серёжи. Сколько машинок у Серёжи?

В. — 4 м., это в 2 раза больше
С. — ? м.

Рассуждай так: *если у Валеры машинок в 2 раза больше, то у Серёжи их в 2 раза меньше.*

4 : 2 = 2 (м.)

Проверяю: у Валеры 4 машинки, у Серёжи 2 машинки. У Валеры машинок в 2 раза больше. Верно.

Ответ: 2 машинки у Серёжи.

Задачи на цену, количество и стоимость

• Килограмм яблок стоит 30 рублей. Сколько стоят 3 кг яблок?

Цена	Количество	Стоимость
30 руб.	3 кг	? руб.

Ст = Ц • К

30 • 3 = 90 (руб.)

Ответ: 90 рублей заплатили за 3 кг яблок.

• За 3 кг слив заплатили 60 рублей. По какой цене покупали сливы?

Цена	**Количество**	**Стоимость**
? руб.	3 кг	60 руб.

Ц = Ст : К

60 : 3 = 20 (руб.)

Ответ: 20 рублей стоит 1 кг слив.

• Килограмм груш стоит 20 рублей. Сколько груш купили, если за покупку заплатили 60 рублей?

Цена	**Количество**	**Стоимость**
20 руб.	? кг	60 руб.

К = Ст : Ц

60 : 20 = 3 (кг)

Ответ: 3 кг груш купили.

Задачи на движение

• Мальчик идёт со скоростью 3 км/час. Какой путь он пройдёт за 4 часа?

V (км/час)	**t (час)**	**S(км)**
3 км/час	4 час.	? км

$$\mathbf{S = V \cdot t}$$

$3 \cdot 4 = 12$ (км)

Ответ: 12 км пройдёт мальчик.

- Мальчик за 4 часа прошёл 12 км. С какой скоростью шёл мальчик?

V (км/час)	**t (час)**	**S(км)**
? км/час	4 час.	12 км

V = S : t

12 : 4 = 3 (км/час.)

Ответ: 3 км/час. скорость мальчика.

• Мальчик шёл со скоростью 3 км/час. и прошёл 12 км. Сколько времени шёл мальчик?

V (км/час)	**t (час)**	**S(км)**
3 км/час.	? час.	12 км

t = S : v

12 : 3 = 4 (час.)

Ответ: 4 часа мальчик был в пути.

Задачи на нахождение числа по доле и доли по числу

• В книге 90 страниц. Дедушка прочитал 1/3 часть книги. Сколько страниц прочитал дедушка?

Вся кн. — 90 стр.
1/3 кн. — ? стр.

Рассуждай так: *чтобы найти долю числа, надо число разделить на знаменатель и умножить на числитель.*

60 : 3 • 1 = 20 (стр.)

Ответ: 20 страниц прочитал дедушка.

• Длина 1/4 верёвки составляет 8 метров. Определи длину всей верёвки.

? в. — 8 м
Вся в. — ? м

Рассуждай так: *чтобы найти число по доле, надо число разделить на числитель и умножить на знаменатель.*

$8 : 1 \cdot 4 = 32$ (м)

Ответ: 32 метра длина всей верёвки.

ТИПЫ СОСТАВНЫХ ЗАДАЧ

Задачи на нахождение суммы

- Антон нашёл 5 больших подосиновиков, а маленьких на 2 больше. Сколько всего подосиновиков нашёл Антон?

Б. — 5 п. ←
М. — ? п., на 2 п. **больше**
} **? г.**

Рассуждай так: *чтобы узнать, сколько всего подосиновиков нашёл Антон, нужно знать, сколько больших и маленьких подосиновиков он нашёл. Мы знаем, сколько он нашёл больших подосиновиков. Надо найти, сколько маленьких.*

1) $5 + 2 = 7$ (п.) — маленьких
2) $5 + 7 = 12$ (п.) — всего

$5 + (5 + 2) = 12$ (п.)

Ответ: 12 подосиновиков нашёл Антон.

• У Иры 5 кукол, у Ани на 2 куклы меньше, чем у Иры, а у Светы кукол столько, сколько их у Иры и Ани вместе. Сколько кукол у Светы?

Ир. — 5 к.
Ан. — ? к., на 2 к. **меньше** } **С. — ? к.**

Рассуждай так: *чтобы узнать, сколько кукол у Светы, нужно знать, сколько кукол у Иры и Ани вместе. Сколько кукол у Иры, мы знаем. Нужно узнать, сколько кукол у Ани.*

1) $5 - 2 = 3$ (к.) — у Ани
2) $5 + 3 = 8$ (к.) — всего у Иры и Ани

$5 + (5 - 2) = 8$ (к.)

Ответ: 8 кукол у Светы.

• Антон нашёл 6 больших подосиновиков, а маленьких в 2 раза больше. Сколько всего подосиновиков нашёл Антон?

Б. — 6 п. ←
М. — **?** п., в 2 раза **больше** } **?** г.

Рассуждай так. *Чтобы узнать, сколько всего подосиновиков нашёл Антон, нужно знать, сколько больших и маленьких подосиновиков он нашёл. Сколько больших подосиновиков он нашёл, мы знаем. Надо найти, сколько маленьких.*

1) $6 \cdot 2 = 12$ (п.) — маленьких
2) $6 + 12 = 18$ (п.) — всего

$6 + 6 \cdot 2 = 18$ (п.)

Ответ: 18 подосиновиков нашёл Антон.

• У Иры 6 кукол, а у Ани в 2 раза меньше. Сколько кукол у Иры и Ани вместе?

Ир. — 6 к. ←
Ан. — ? к., в 2 раза **меньше** } **?** к.

Рассуждай так. *Чтобы узнать, сколько всего кукол Иры и Ани вместе, нужно знать, сколько кукол у Иры и сколько кукол у Ани. Сколько кукол у Иры мы знаем. Надо найти, сколько кукол у Ани.*

1) $6 : 2 = 3$ (к.) у Ани
2) $6 + 3 = 9$ (к.) — всего

$6 + 6 : 2 = 9$ (к.)

Ответ: 9 кукол у Иры и Ани вместе.

• У Валеры 4 машинки. Это в 2 раза меньше, чем у Серёжи. Сколько всего машинок у мальчиков?

В. — 4 м., это в 2 раза **меньше** } **?** м.
С. — ? к.

Рассуждай так. *Чтобы определить, сколько машинок у мальчиков, надо выяснить, сколько машинок у каждого мальчика. Сколько машинок у Валеры, известно. Надо узнать, сколько машинок у Серёжи, а потом узнать, сколько всего машинок у мальчиков. Если у Валеры машинок в 2 раза меньше, то у Серёжи их в 2 раза больше.*

1) $4 \cdot 2 = 8$ (м.) у Серёжи

2) $4 + 8 = 12$ (м.) — всего

$4 + 4 \cdot 2 = 12$ (м.)

Ответ: 12 машинок у мальчиков.

Задачи на нахождение остатка

• Во дворе играли 7 девочек и 9 мальчиков. 3 мальчика ушли. Сколько детей осталось во дворе?

Было	**Ушли**	**Осталось**
Д. — 7 чел. **М.** — 9 чел. }	3 чел.	? чел.

1 способ

1) Сколько детей было во дворе?

7 + 9 = 16 (д.)

2) Сколько детей осталось во дворе?

16 – 3 = 13 (д.)

(7 + 9) – 3 = 13 (д.)

2 способ

1) Сколько мальчиков осталось во дворе?

9 – 3 = 6 (м.)

2) Сколько детей осталось во дворе?

6 + 7 = 13 (д.)

7 + (9 – 3) = 13 (д.)

Ответ: 13 детей осталось во дворе.

• Во дворе гуляли 16 ребят. Сначала домой пошли 6 девочек, а потом 3 мальчика. Сколько ребят осталось во дворе?

Было	**Пошли домой**	**Осталось**
16 чел.	**Д.** — 6 чел. **М.** — 3 чел. } ? чел.	? чел.

1 способ

1) Сколько ребят ушли домой?

6 + 3 = 9 (чел.)

2) Сколько ребят осталось во дворе?

16 − 9 = 7 (чел.)

16 − (6 + 3) = 7 (чел.)

2 способ

1) Сколько детей осталось во дворе, после того как ушли девочки?

16 − 6 = 10 (чел.)

2) Сколько детей осталось во дворе, после того как ушли мальчики?

10 − 3 = 7 (чел.)

16 − 6 − 3 = 7 (чел.)

Ответ: 7 ребят осталось во дворе.

• У Вали в одной коробке 8 ручек, во второй на 2 ручки больше. 10 ручек Валя подарила. Сколько ручек осталось у Вали?

Было	**Подарила**	**Осталось**
1 кор. — 8 р. ← ┐ }?р. 2 кор. — ? р., на 2 р. б. ┘	10 р.	? р.

Чтобы узнать, сколько ручек осталось у Вали, надо узнать, сколько всего было ручек. Сколько ручек подарила Валя, мы знаем. Чтобы узнать, сколько ручек было, нужно знать, сколько ручек в каждой коробке. Сколько ручек в первой коробке, мы знаем. Узнаем, сколько ручек во второй коробке.

1) $8 + 2 = 10$ (р.) — во второй коробке
2) $8 + 10 = 18$ (р.) — в двух коробках
3) $18 - 10 = 8$ (р.) — осталось

$(8 + (8 + 2)) - 10 = 8$ (р.)

Ответ: 8 ручек осталось.

- У Вали в двух коробках по 8 ручек, 10 ручек Валя подарила. Сколько ручек осталось у Вали?

Было — 2 к. по 8 р.
Подарила — 10 р.
Осталось — ? р.

Рассуждай так: *чтобы определить, сколько ручек осталось у Вали, надо знать, сколько ручек было и сколько она подарила. Сколько ручек Валя подарила, известно. Узнаем, сколько ручек было у Вали.*

1) $8 \cdot 2 = 16$ (р.) — было у Вали

2) $16 - 10 = 6$ (р.) — осталось

$8 \cdot 2 - 10 = 6$ (р.)

Ответ: 6 ручек осталось у Вали.

Задачи на нахождение третьего слагаемого

• Три девочки собирали грибы. Первая нашла 5 грибов, вторая 3. Сколько грибов нашла третья девочка, если всего они собрали 10 грибов?

I — 5 г.
II — 3 г. } 10 г.
III — ? г.

Рассуждай так: *чтобы узнать, сколько грибов нашла третья девочка, необходимо знать, сколько грибов нашли вместе первая и вторая девочки.*

1) $5 + 3 = 8$ (г.) — нашли I и II девочки вместе
2) $10 - 8 = 2$ (г.) — нашла III девочка

$10 - (5 + 3) = 2$ (г.)

Ответ: 2 гриба нашла третья девочка.

Задачи на нахождение вычитаемого

• У хомяка было 6 земляных и 4 грецких ореха. Хомяк сгрыз несколько орехов, после чего у него осталось 7 орехов. Сколько орехов сгрыз хомяк?

Было		Сгрыз	Осталось
З. — 6 ор. Г. — 4 ор.	} ? ор.	? ор.	7 ор.

Рассуждай так: *чтобы узнать, сколько орехов сгрыз хомяк, надо знать, сколько у него их было и сколько осталось. Сколько осталось орехов, мы знаем. Необходимо узнать, сколько всего было орехов.*

1) $6 + 4 = 10$ (ор.) — было у хомяка
2) $10 - 7 = 3$ (ор.) — съел

$(6 + 4) - 7 = 3$ (ор.)

Ответ: 3 ореха сгрыз хомяк.

• У причала стояло 8 катеров. Утром ушло в море 3 катера. Сколько катеров ушло в море днём, если вечером осталось 4 катера?

Стояло	**Ушло**	**Осталось**
8 к.	Ут. — 3 к. Д. — ? к.	4 к.

Рассуждай так: *чтобы узнать, сколько катеров ушло в море днём, надо знать, сколько катеров было, ушло и осталось. Сколько катеров было и осталось, мы знаем. Чтобы узнать, сколько катеров ушло в море днём, надо знать, сколько всего катеров ушло в море.*

1) $8 - 4 = 4$ (к.) — всего ушло в море
2) $4 - 3 = 1$ (к.) — ушёл днём

$(8 - 4) - 3 = 1$ (к.)

Ответ: 1 катер ушёл в море днём.

• В вазе было 3 красных яблока и 6 зелёных. Когда мама положила ещё несколько яблок, в вазе стало 12 яблок. Сколько яблок мама положила в вазу?

Было		Положила	Осталось
К. — 3 яб. З. — 6 яб.	} ? яб.	? яб.	12 яб.

Рассуждай так: *чтобы узнать, сколько яблок мама положила в вазу, нужно знать, сколько яблок было в вазе сначала и сколько стало потом. Сколько стало яблок, мы знаем. Необходимо узнать, сколько яблок было в вазе.*

1) $3 + 6 = 9$ (яб.) — было в вазе
2) $12 - 9 = 3$ (яб.) — положила мама

$12 - (3 + 6) = 3$ (яб.)

Ответ: 3 яблока мама положила в вазу.

- У хомяка было 4 стручка гороха по 6 горошин в каждом стручке. Когда несколько горошин хомяк съел, у него осталось 7 горошин. Сколько горошин съел хомяк?

Было — 4 с. по 6 г.
Съел — ? г.
Осталось — 7 г.

Рассуждай так: *чтобы определить, сколько горошин съел хомяк, надо знать, сколько у него было горошин и сколько осталось. Сколько осталось, известно. Надо узнать, сколько было горошин у хомяка.*

1) $6 \cdot 4 = 24$ (г.) — было

2) $24 - 7 = 17$ (г.) — съел

$6 \cdot 4 - 7 = 17$ (г.)

Ответ: 17 горошин съел хомяк.

Задачи на нахождение уменьшаемого

• У хомяка были орехи. Когда хомяк сгрыз 6 земляных орехов и 4 грецких ореха, то у него осталось 7 орехов. Сколько орехов было у хомяка?

Было	Сгрыз	Осталось
? ор.	З. — 6 ор. Г. — 4 ор. } ? ор.	7ор.

Рассуждай так: *чтобы узнать, сколько орехов было у хомяка, необходимо знать, сколько он сгрыз и сколько у него осталось орехов. Сколько осталось орехов, мы знаем. Надо узнать, сколько всего орехов он сгрыз.*

1) $6 + 4 = 10$ (ор.) — сгрыз
2) $10 + 7 = 17$ (ор.) — было

$(6 + 4) + 7 = 17$ (ор.)

Ответ: 17 орехов было у хомяка.

• Утром у причала стояли катера. Потом в море ушли 3 катера. Сколько катеров стояло у причала, если осталось 8 больших и 4 маленьких катера?

Было	Ушло	Осталось
? к.	3к.	Б. — 8 к. М. — 4 к. } ? к.

Рассуждай так: *чтобы узнать, сколько катеров было у причала, надо знать, сколько катеров ушло и сколько осталось. Сколько катеров ушло в море, мы знаем. Необходимо узнать, сколько катеров осталось у причала.*

1) 8 + 4 = 12 (к.) — осталось у причала
2) 12 + 3 = 15 (к.) — стояло утром

(8 + 4) + 3 = 15 (к.)

Ответ: 15 катеров стояло у причала утром.

• В вазе лежали яблоки. Когда мама добавила в вазу 3 красных яблока и 6 зелёных, в вазе стало 12 яблок. Сколько яблок было в вазе?

Было	**Положила**	**Стало**
? яб.	К. — 3 яб. З. — 6 яб. } ? яб.	12 яб.

Рассуждай так: *чтобы узнать, сколько яблок было в вазе, надо знать, сколько яблок положила мама и сколько их стало в вазе. Сколько стало яблок, мы знаем. Надо узнать, сколько яблок мама положила в вазу.*

1) $3 + 6 = 9$ (яб.) — положила мама
2) $12 - 9 = 3$ (яб.) — было

$12 - (3 + 6) = 3$ (яб.)

Ответ: 3 яблока было в вазе.

• Бригаде строителей надо отремонтировать несколько комнат. После того как они отремонтировали 6 трёхкомнатных квартир, им осталось отремонтировать ещё 12 комнат. Сколько всего комнат надо отремонтировать строителям?

Надо отремонтировать — ? ком.
Отремонтировали — 6 кв. по 3 ком.
Осталось — 12 ком.

Рассуждай так: *чтобы определить, сколько всего комнат предстоит отремонтировать строителям, надо знать, сколько они отремонтировали и сколько им осталось* *отремонтировать комнат. Сколько комнат осталось отремонтировать, известно. Требуется узнать, сколько уже отремонтировано.*

1) $3 \cdot 6 = 18$ (к.) — отремонтировали
2) $18 + 12 = 30$ (к.) — надо отремонтировать

$3 \cdot 6 + 12 = 30$ (к.)

Ответ: 30 комнат надо отремонтировать строителям.

Задачи на приведение к единице

• В 7 одинаковых ящиках 28 кг киви. Сколько кг киви в 4 таких ящиках?

7 ящ. — 28 кг
4 ящ. — ? кг

Рассуждай так: *чтобы узнать, сколько киви в 4 ящиках, надо сначала определить, сколько киви в 1 ящике.*

1) 28 : 7 = 4 (кг) — в одном ящике

2) 4 • 4 = 16 (кг) — в четырёх ящиках

28 : 7 • 4 = 16 (кг)

Ответ: 16 кг киви в 4 ящиках.

- В 7 одинаковых ящиках 28 кг киви. Сколько потребуется таких ящиков для 40 кг киви?

7 ящ. — 28 кг
? ящ. — 40 кг

Рассуждай так: *чтобы узнать, сколько потребуется ящиков для 40 кг киви, надо сначала определить, сколько кг киви помещается в 1 ящике.*

1) 28 : 7 = 4 (кг) — в одном ящике
2) 40 : 4 = 10 (ящ.) — потребуется для 40 кг

40 : (28 : 7) = 10 (ящ.)

Ответ: 10 ящиков надо для 40 кг киви.

Задачи на разностное и кратное сравнение

- В саду росло 10 деревьев. Из них 8 яблонь, а остальные груши. На сколько больше яблонь, чем груш?

Яб. — 8д. ↕ } 10 д.
Г. — ? д. на ? б. яб.

Рассуждай так: *чтобы узнать, на сколько больше яблонь, чем груш, надо знать, сколько груш росло в саду.*

1) 10 – 8 = 2 (д.) — груши
2) 8 – 2 = 6 (д.)

8 – (10 – 8) = 6 (д.)

Ответ: на 6 яблонь в саду больше, чем груш.

• Платье стоит 180 руб., а юбка в 3 раза дешевле. На сколько рублей платье дороже, чем юбка?

П. — 180 руб.
Юб. — ? руб., в 3 раза дешевле на ? руб.

Рассуждай так: *чтобы узнать, на сколько одно число больше или меньше другого, надо из большего числа вычесть меньшее. Чтобы узнать, на сколько дороже платье, чем юбка, надо определить, сколько стоит юбка.*

1) $180 : 3 = 60$ (руб.) — стоит юбка
2) $180 - 60 = 120$ (руб.)

$180 - 180 : 3 = 120$ (руб.)

Ответ: на 120 руб. платье дороже, чем юбка.

• Платье стоит 180 руб., а юбка на 120 руб. дешевле. Во сколько раз платье дороже юбки?

П. — 180 руб.
Юб. — ? руб., на 120 руб. дешевле — во ? раз

Рассуждай так: *чтобы узнать, во сколько раз одно число больше или меньше другого, надо большее число разделить на меньшее. Чтобы узнать, во сколько раз платье дороже, чем юбка, надо знать, сколько стоит юбка.*

1) 180 — 120 = 60 (руб.) — стоит юбка
2) 180 : 60 = 3 (раза)

180 : (180 — 120) = 3 (раза)

Ответ: в 3 раза дороже стоит платье, чем юбка.

• У Валеры 4 машинки. Это в 2 раза меньше, чем у Сережи. На сколько машинок меньше у Валеры, чем у Серёжи?

В. — 4 м., в 2 раза меньше
С. — ? м. на ? м.

Рассуждай так: *чтобы узнать, на сколько одно число больше или меньше другого, надо из большего числа вычесть, меньшее.*
Чтобы узнать, на сколько машинок у Валеры меньше,

чем у Серёжи, надо знать, сколько машинок у каждого мальчика. Сколько машинок у Валеры, известно. Надо узнать, сколько машинок у Серёжи. Если у Валеры машинок в 2 раза меньше, то у Сережи — в 2 раза больше.

1) 4 • 2 = 8 (м.) — у Серёжи
2) 8 – 4 = 4 (м.)

4 • 2 – 4 = 4 (м.)

Ответ: у Валеры на 4 машинки меньше, чем у Серёжи.

• У Валеры 4 машинки. Это на 2 машинки больше, чем у Серёжи. Во сколько раз у Валеры больше машинок, чем у Серёжи?

В. — 4м., на 2 м. больше
С. — ? м. во ? раз.

Рассуждай так: *чтобы узнать, во сколько раз одно число больше или меньше другого, надо большее число разделить на меньшее.*
Чтобы узнать, во сколько раз машинок больше у Валеры, чем у Серёжи, надо знать, сколько машинок у каждого мальчика. Сколько машинок у Валеры, известно. Надо уз-

нать, сколько машинок у Серёжи. Если у Валеры машинок в 2 раза больше, то у Серёжи — в 2 раза меньше.

1) 4 − 2 = 2 (м) — у Серёжи
2) 4 : 2 = 2 (раза)

4 : (4 − 2) = 2 (раза)

Ответ: у Валеры в 2 раза больше машинок, чем у Серёжи.

• В вазе стояли гвоздики: 10 белых, а розовых на 5 меньше, чем белых. Красных гвоздик стояло столько, сколько белых и розовых вместе. Во сколько раз больше в вазе стояло красных гвоздик, чем розовых?

Б. — 10 г.
Р. — ? г., на 5 г. меньше
К. — ? г.

во ? раз

Рассуждай так: *чтобы узнать, во сколько раз одно число больше или меньше другого, надо большее число разделить на меньшее.*

Чтобы узнать, во сколько раз больше в вазе стояло

красных гвоздик, чем розовых, надо знать, сколько красных, белых и розовых гвоздик в вазе. Известно, сколько белых гвоздик в вазе. Для того чтобы узнать, сколько красных гвоздик, надо знать, сколько розовых гвоздик в вазе.

1) 10 – 5 = 5 (г.) — розовых
2) 10 + 5 = 15 (г.) — красных
3) 15 : 5 = 3 (раза)

Ответ: в вазе стояло в 3 раза больше красных гвоздик, чем розовых.

• В саду росло 4 ряда яблонь по 8 деревьев в ряду и 2 ряда груш по 5 деревьев в ряду. На сколько больше в саду яблонь, чем груш?

Яб. — 4 р. по 8 д. ↕ на ? д.
Г. — 2 р. по 5 д.

Рассуждай так: *чтобы узнать, на сколько одно число больше или меньше другого, надо из большего числа вычесть меньшее. Чтобы узнать, на сколько больше яблонь, чем груш, надо знать, сколько яблонь и сколько груш росло в саду.*

1) $8 \cdot 4 = 32$ (д.) — яблони
2) $5 \cdot 2 = 10$ (д.) — груши
3) $32 - 10 = 22$ (д.)

$8 \cdot 4 - 5 \cdot 2 = 22$ (д.)

Ответ: на 22 дерева яблонь в саду больше, чем груш.

• В 5 букетах 40 ромашек и в 3 букетах 12 васильков. Во сколько раз больше в одном букете ромашек, чем васильков?

Цветов в 1 букете	Кол-во букетов	Всего цветов
Р. — ? ц. ↕ во ? раз	5 б.	40 ц.
В. — ? ц.	3 б.	12 ц.

Рассуждай так: *чтобы узнать, во сколько раз одно число больше или меньше другого, надо большее число разделить на меньшее.*

Чтобы узнать, во сколько раз в одном букете ромашек

больше, чем васильков, надо знать, сколько васильков и сколько ромашек в одном букете.

1) $40 : 5 = 8$ (р.) — в одном букете
2) $12 : 3 = 4$ (в.) — в одном букете
3) $8 : 4 = 2$ (раза)

$(40 : 5) : (12 : 3) = 2$ (раза)

Ответ: в 2 раза ромашек больше в одном букете, чем васильков.

Задачи на нахождение суммы двух произведений

• У продавца было 5 ящиков со сливами по 7 кг в каждом и 4 ящика с виноградом по 12 кг в каждом. Сколько всего кг фруктов было у продавца?

Масса 1 ящика	Кол-во ящиков	Масса всех ящиков	
С. — 7 кг	5 ящ.	? кг	? кг
В. — 12 кг	4 ящ.	? кг	

Рассуждай так: *чтобы узнать, сколько фруктов у продавца, надо знать, сколько всего кг винограда и сколько кг сливы.*

1) $7 \cdot 5 = 35$ (кг) — сливы
2) $12 \cdot 4 = 48$ (кг) — винограда
3) $35 + 48 = 83$ (кг)

$7 \cdot 5 + 12 \cdot 4 = 83$ (кг)

Ответ: 83 кг фруктов было у продавца.

Задачи на нахождение неизвестного слагаемого

• С трёх грядок собрали по 5 кг клубники с каждой и ещё с нескольких грядок — по 4 кг земляники. Всего собрали 23 кг ягод. Определите число грядок, с которых собрали землянику.

$$\left.\begin{array}{l}\text{К. — 3 г. по 5 кг}\\ \text{З. — ? г по 4 кг}\end{array}\right\}\ \text{23 кг}$$

Рассуждай так: *чтобы узнать число грядок, с которых собрали землянику, нужно знать, сколько собрали всего* *килограммов клубники и сколько всего килограммов земляники.*

1) $5 \cdot 3 = 15$ (кг) — клубники

2) $23 - 15 = 8$ (кг) — земляники

3) $8 : 4 = 2$ (г.)

Ответ: с двух грядок собрали землянику.

• В столовой за неделю израсходовали 60 кг крупы. 4 дня расходовали по 12 кг крупы в день, а остальную крупу израсходовали поровну в следующие 3 дня. Сколько крупы в день расходовали в последние дни?

4 дня — по 12 кг }
3 дня — по ? кг } 60 кг

Рассуждай так: *чтобы определить, сколько крупы в день расходовали в последние дни, надо знать, сколько всего крупы израсходовали за 4 дня и сколько крупы израсходовали за 3 дня.*

1) $12 \cdot 4 = 48$ (кг) — израсходовано за 4 дня
2) $60 - 48 = 12$ (кг) — израсходовано за 3 дня
3) $12 : 3 = 4$ (кг)

$(60 - 12 \cdot 4) : 3 = 4$ (кг)

Ответ: по 4 кг крупы в день расходовали в последние 3 дня.

Задачи на деление суммы на число и числа на сумму

• В магазин привезли 48 кг пряников и печенья. В двух коробках были пряники, а в четырёх коробках печенье. Сколько килограммов в каждой коробке?

Пр. — 2 к. по ? кг } 48 кг
П. — 4 к. по ? кг }

Рассуждай так: *чтобы определить вес каждой коробки, надо знать, сколько всего привезли коробок с пряниками и печеньем.*

1) $2 + 4 = 6$ (к.) — привезли в магазин
2) $48 : 6 = 8$ (кг)

$48 : (2 + 4) = 8$ (кг)

Ответ: вес каждой коробки 8 кг.

Задачи на нахождение цены, количества, стоимости

• Мама купила 5 столовых ложек и 8 чайных ложек по одинаковой цене. За столовые ложки она заплатила 100 рублей. Сколько стоили чайные ложки?

Цена	Количество	Стоимость
С. } одинаковая	5 л.	100 руб.
Ч. }	8 л.	? руб.

Рассуждай так: *чтобы найти цену, надо знать стоимость и количество. Количество столовых ложек и их стоимость известны. Можно найти их цену.*

1) Ц = Ст : К

100 : 5 = 20 (руб.) — цена столовой ложки

2) Ст = Ц • К

20 • 8 = 160 (руб.)

100 : 5 • 8 = 160 (руб.)

Ответ: 160 рублей мама заплатила за чайные ложки.

• Мама купила 5 столовых ложек и несколько чайных ложек. Цена столовой ложки 20 рублей, а чайной — 10 рублей. Стоимость столовых и чайных ложек одинаковая. Сколько мама купила чайных ложек?

Цена	Количество	Стоимость
С. 20 руб.	5 л.	одинаковая
Ч. 10 руб.	? л.	

Рассуждай так: *чтобы найти стоимость, надо знать цену и количество. Количество столовых ложек и их цена известны. Можно найти их стоимость.*

1) Ст = Ц • К

20 • 5 = 100 (руб.) — стоимость столовых ложек

2) К = Ст : Ц

100 : 10 = 10 (л.)

(20 • 5) : 10 = 10 (л.)

Ответ: 10 чайных ложек купила мама.

Задачи на встречное движение

• Два автобуса вышли одновременно из двух деревень навстречу друг другу. Один шёл со скоростью 50 км/ч другой со скоростью 40 км/ч. Встретились они через 3 Чему равно расстояние между деревнями?

V (км/час)	t (ч)	S (км)	
I — 50 км/ч	3 ч	? км	? км
II — 40 км/ч		? км	

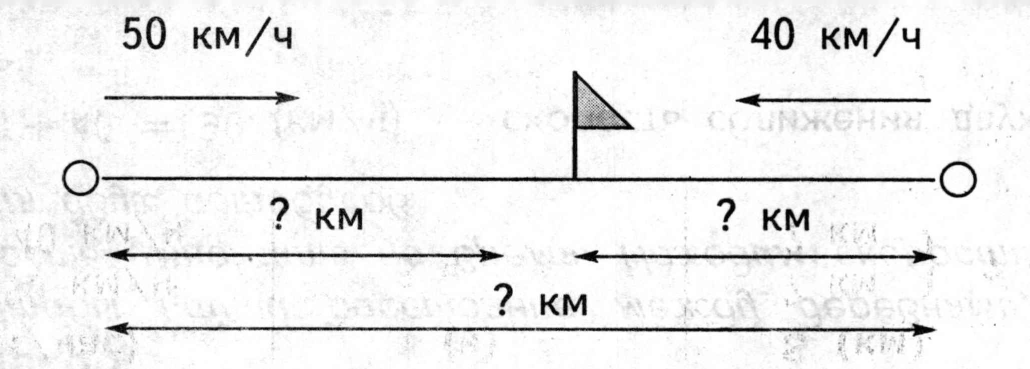

1 способ

Чтобы найти расстояние между деревнями, надо узнать, какое расстояние проехал каждый автобус.

1) **S = V • t**

50 • 3 = 150 (км) — проехал первый автобус

2) **S = V • t**

40 • 3 = 120 (км) — проехал второй автобус

3) 150 + 120 = 270 (км)

50 • 3 + 40 • 3 = 270 (км)

2 способ

Чтобы найти расстояние между деревнями, надо скорость умножить на время. Находим скорость сближения двух автобусов.

1) 50 + 40 = 90 (км/ч) — скорость сближения двух автобусов

2) $S = V \cdot t$

$90 \cdot 3 = 270$ (км)

$(50 + 40) \cdot 3 = 270$ (км)

Ответ: 270 км расстояние между деревнями.

294

• Из двух городов навстречу друг другу выехали две машины. Скорость первой 80 км/ч, скорость второй 90 км/ч. Через сколько часов машины встретятся, если расстояние между городами 510 км?

V (км/час)	**t (ч)**	**S (км)**
I — 80 км/ч II — 90 км/ч	? ч	510 км

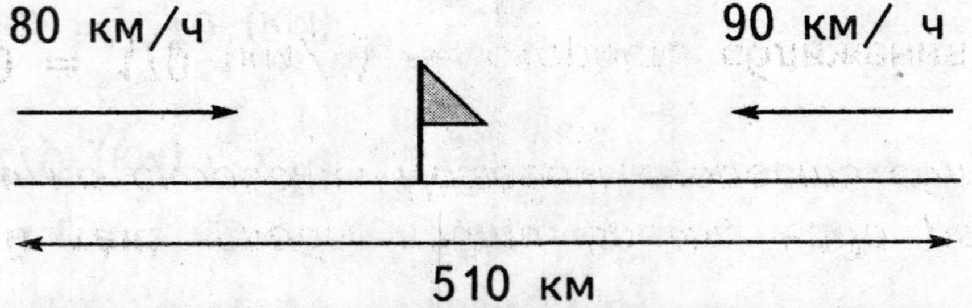

80 км/ч

90 км/ ч

510 км

Рассуждай так: *чтобы найти время, надо расстояние разделить на скорость. Находим скорость сближения.*

1) 80 + 90 = 170 (км/ч) — скорость сближения двух машин.

2) **t = S : V**

510 : 170 = 3 (ч)

510 : (80 + 90) = 3 (ч)

Ответ: через 3 ч машины встретятся.

• Из двух городов, расстояние между которыми 510 км, выехали одновременно навстречу друг другу две машины. Скорость первой 80 км/ч. С какой скоростью ехала вторая машина, если встретились они через 3 часа?

V (км/час)	t (ч)	S (км)
I — 80 км/ч	3 ч	? км } 510 км
II — ? км/ч	(одинаковое)	? км

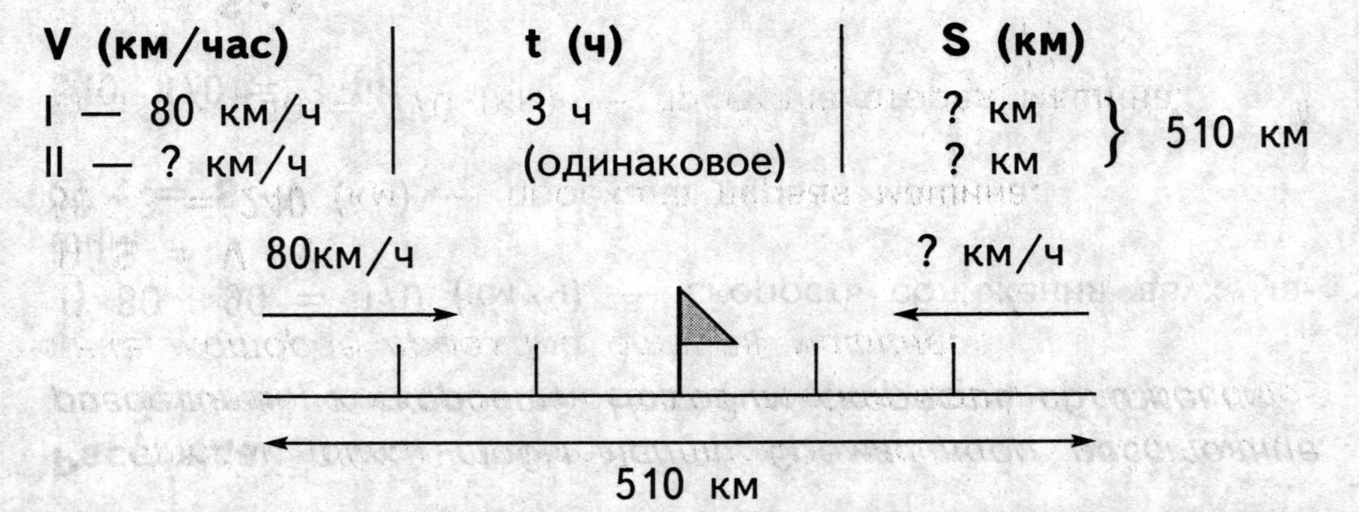

Чтобы найти скорость второй машины, надо знать расстояние, которое проехала первая машина, и расстояние, которое проехала вторая машина.

1) $\mathbf{S = V \cdot t}$

$80 \cdot 3 = 240$ (км) — проехала первая машина.

2) $510 - 240 = 270$ (км) — проехала вторая машина.

3) $\mathbf{V = S : t}$

$270 : 3 = 90$ (км/ч)

Задачи на движение в одном направлении

• Автомобилист проехал за два дня 770 км. В первый день он ехал 4 ч со скоростью 80 км/ч, во второй день он ехал со скоростью 90 км/ч. Сколько часов был в пути автомобилист во второй день?

V (км/ч)	**t (ч)**	**S (км)**	
I — 50 км/ч	4 ч	? км	770 км
II — 40 км/ч	? ч	? км	

Рассуждай так: *чтобы найти время, надо узнать, какое расстояние проехала машина в первый день и какое расстояние она проехала во второй день.*

1) **S = V • t**

80 • 4 = 320 (км) — проехала машина в первый день.

2) 770 – 320 = 450 (км) — проехала машина во второй день.

3) **t = S : V**

450 : 90 = 5 (ч)

Ответ: 5 ч автомобилист находился в пути во второй день.

• От города до посёлка автобус ехал 2 ч со скоростью 75 км/ч. Сколько времени понадобится велосипедисту, чтобы проехать этот путь со скоростью 15 км/ч?

V (км/ч)	**t (ч)**	**S (км)**
Ав. — 75 км/ч	2 ч	? км
В. — 15 км/ч	? ч	(одинаковое)

Рассуждай так. *Чтобы найти время, которое потребуется велосипедисту, надо узнать расстояние от города до посёлка.*

1) **S = V • t**

75 • 2 =150 (км) — расстояние от города до посёлка.

2) **t = S : V**

150 : 15 = 10 (ч)

75 • 2 : 15 = 10 (ч)

Ответ: 10 ч понадобится велосипедисту, чтобы проехать это расстояние.

• В первый день туристы прошли 30 км, а во второй — 24 км, затратив на весь путь 9 ч. Сколько часов туристы были в пути в первый и сколько во второй день, если двигались с одинаковой скоростью?

V (км/ч)	t (ч)		S (км)
I — ? км/ч	? ч	9 ч	30 км
II — ? км/ч	? ч		24 км

Рассуждай так. *Чтобы найти время, которое туристы были в пути каждый день, надо узнать, сколько всего километров они прошли и с какой скоростью они двигались.*

1) $30 + 24 = 54$ (км) — прошли туристы

2) **V = S : t**
$54 : 9 = 6$ (км/ч) — скорость туристов

3) **t = S : V**
$30 : 6 = 5$ (ч) — были в пути в первый день

4) **t = S : V**
$24 : 6 = 4$ (ч) — были в пути во второй день

Ответ: 5 ч туристы были в пути в первый день, 4 ч — во второй.

• По просёлочной дороге велосипедист ехал 3 ч со скоростью 7 км/ч, затем по шоссе он двигался со скоростью 10 км/ч. На весь путь у него ушло 5 ч. Какое расстояние проехал велосипедист?

V (км/ч)	**t (ч)**	**S (км)**
I — 7 км/ч	3 ч } 5 ч	? км } ? км
II — 10 км/ч	? ч	? км

Рассуждай так. *Чтобы найти расстояние, которое проехал велосипедист, надо узнать, сколько километров он проехал по просёлочной дороге и по шоссе.*

1) $S = V \cdot t$

$7 \cdot 3 = 21$ (км) — проехал по просёлочной дороге.

2) $5 - 3 = 2$ (ч) — время движения по шоссе.

3) $S = V \cdot t$

$10 \cdot 2 = 20$ (км) — проехал по шоссе.

4) $21 + 20 = 41$ (км)

Ответ: велосипедист проехал 41 км.

Задачи на движение в противоположном направлении

• Из города одновременно в противоположных направлениях выехали две машины. Скорость первой 80 км/ч. С какой скоростью ехала вторая машина, если через 2 ч расстояние между ними было 340 км?

V (км/ч)	t (ч)	S (км)	
I — 80 км/ч	2 ч	? км	340 км
II — ? км/ч	(одинаковое)	? км	

1 способ

Чтобы определить скорость второй машины, надо найти расстояние, которое проехала каждая машина.

1) **S = V • t**

80 • 2 = 160 (км) — проехала первая машина.

2) 340 − 160 = 180 (км) — проехала вторая машина.

3) **V = S : t**

180 : 2 = 90 (км/ч)

2 способ

Чтобы определить скорость второй машины, надо найти скорость удаления машин друг от друга.

1) **$V = S : t$**

340 : 2 = 170 (км/ч) — скорость удаления.

2) 170 – 80 = 90 (км/ч)

340 : 2 – 80 = 90 (км/ч)

Ответ: 90 км/ч скорость второй машины.

• Из города одновременно в противоположных направлениях выехали автобус и мотоцикл. Скорость автобуса 40 км/ч, скорость мотоцикла в 2 раза больше. Какое расстояние будет между ними через 3 часа?

V (км/ч)	**t (ч)**	**S (км)**
Ав. — 40 км/ч	3 ч	? км } ? км
М. — ? км/ч, в 2 раза больше	(одинаковое)	? км }

Чтобы определить, какое расстояние будет между автобусом и мотоциклом через 3 ч, надо найти скорость мотоцикла.

1) **S = V • t**

40 • 3 = 120 (км) — проехал автобус.

2) 40 • 2 = 80 (км/ч) — скорость мотоцикла.

3) **S = V • t**

80 • 3 = 240 (км) — проехал мотоцикл.

4) 120 + 240 = 360 (км)

Ответ: 360 км будет между автобусом и мотоциклом через 3 часа.

• Из города в противоположных направлениях выехали машины. Скорость первой машины 80 км/ч, скорость второй 60 км/ч. Через какое время расстояние между нами будет 280 км?

V (км/ч)	t (ч)	S (км)
I — 80 км/ч II — 60 км/ч	? ч	280 км

Рассуждай так. *Чтобы найти время, надо расстояние разделить на скорость. Находим скорость удаления.*

1) 80 + 60 = 140 (км/ч) — скорость удаления двух машин.

2) **t = S : V**
280 : 140 = 2 (ч)

280 : (80 + 60) = 2 (ч)

Ответ: через 2 ч расстояние между машинами будет 280 км.

Задачи на нахождение неизвестного по двум разностям

• В одном куске 3 м шёлка, а во втором 7 м шёлка. Второй кусок стоит на 240 руб. дороже. Сколько стоит каждый кусок?

Цена	Кол-во	Стоимость
Одинаковая	3 м	? руб. ←
	7 м	? руб., на 240 руб. дороже

Рассуждай так. *Чтобы найти стоимость, мы должны знать цену и количество. Чтобы определить цену, надо знать стоимость и количество. Известно, что стоимость второго куска на 240 руб больше, чем первого. Почему? Потому что второй кусок больше первого. Мы узнаем разность стоимостей, узнаем разность количеств, и тогда можно найти цену.*

1) 7 – 3 = 4 (м) — на столько метров второй кусок длиннее первого.

2) **Ц = Ст : К**
240 : 4 = 60 (руб.) — цена шёлка.

3) **Ст = Ц • К**
60 • 3 = 180 (руб.) — стоит первый кусок

4) **Ст = Ц • К**
60 • 7 = 420 (руб.) — стоит второй кусок

Ответ: 420 рублей стоит второй кусок ткани.

СОДЕРЖАНИЕ

ЧИСЛА И ЦИФРЫ 2
Числовая лесенка 21
Числа от 11 до 20 22
Состав чисел в пределах 20 28
Числа от 20 до 100 30
Таблица разрядов 32
Характеристика числа 33

СРАВНЕНИЕ ЧИСЕЛ 38
Способы сравнения чисел 40

СУММА 42

РАЗНОСТЬ 46
Сложение и вычитание однозначных чисел 50

Таблица сложения и вычитания однозначных чисел 58
Таблица сложения однозначных чисел с переходом через десяток до 20. 59

УМНОЖЕНИЕ. 60
Произведение 62
Частное. 64
Таблица умножения Пифагора 67
Таблица умножения и деления однозначных чисел 68

ПЕРЕСТАНОВКА СЛАГАЕМЫХ (переместительный закон сложения) 72

ПЕРЕСТАНОВКА МНОЖИТЕЛЕЙ (переместительный закон умножения) 73

РЕШЕНИЕ УРАВНЕНИЙ 74

ЧИСЛО 0 (нуль) 80
ЧИСЛО 1 (один) 86
Прибавление числа к сумме 89
Прибавление суммы к числу 90
Вычитание числа из суммы 91
Вычитание суммы из суммы 92
Умножение суммы на число 93
Умножение разности на число 94
Деление суммы на число 95
Деление разности на число 96
Сочетательное свойство умножения 97

ПРИЁМЫ УСТНЫХ ВЫЧИСЛЕНИЙ 98
Деление с остатком 116
Сочетательный закон сложения 123
Сочетательный закон умножения 124
Порядок действий 130

ПРИЁМЫ ПИСЬМЕННЫХ ВЫЧИСЛЕНИЙ 132

ЕДИНИЦЫ ДЛИНЫ 179

ЦЕНА. КОЛИЧЕСТВО. СТОИМОСТЬ 184

СКОРОСТЬ. ВРЕМЯ. РАССТОЯНИЕ 185

МЕРЫ МАССЫ 186

МЕРЫ ВРЕМЕНИ 187

ДОЛИ 188

ГЕОМЕТРИЧЕСКИЕ ФИГУРЫ 189

ТИПЫ ПРОСТЫХ ЗАДАЧ 196

ТИПЫ СОСТАВНЫХ ЗАДАЧ 226

Ольга Васильевна Узорова, Елена Алексеевна Нефёдова

Таблицы по математике для начальной школы

Для младшего школьного возраста
Учебное пособие

Редактор *С. Младова.* Художественный редактор *Е. Гальдяева*
Технический редактор *Т. Тимошина.* Корректор *Т. Нарышкина*
Компьютерная вёрстка *Н. Сушковой*

Подписано в печать 06.08.2005
Формат 108x84/32. Усл. печ. л. 16,8. Печать офсетная
Бумага офсетная. Гарнитура Текстбук. Тираж 10 000 экз. Заказ № 5879

Санитарно-эпидемиологическое заключение
№ 77.99.24.953. Д.002132.04.05 от 21.04.2005 г.

ООО «Издательство Астрель»
129085, г. Москва, проезд Ольминского, 3а

ООО «Издательство АСТ»
667000, Республика Тыва, г. Кызыл, ул. Кочетова, 93

ООО «Транзиткнига»
143900, Московская область, г. Балашиха, ш. Энтузиастов, 7/1

Наши электронные адреса:
WWW.AST.RU E-mail: astpub@aha.ru

Отпечатано с готовых диапозитивов в ООО «Типография ИПО профсоюзов Профиздат». 109044, Москва, Крутицкий вал, 18

Общероссийский классификатор продукции
ОК-005-93, том 2; 953000 — книги, брошюры

ISBN 5-17-019970-8 (ООО «Издательство АСТ»)
ISBN 5-271-11394-9 (ООО «Издательство Астрель»)
ISBN 5-9578-0684-6 (ООО «Транзиткнига»)